跨越数字鸿沟

智能手机操作实用指南

浙江老年报社　浙江老年大学　编

红旗出版社

本书编写组

主　编

尤　琪

撰　稿

王　兴　俞　琪　胡晓华　杨鹤峰　张元月

序

当下，数字化、智能化参与已是社会参与的主要方式之一。年轻人轻松向数字世界迁徙，摆在老年朋友面前的却是一道“数字鸿沟”。

截至2023年底，中国已有60岁及以上老年人口超2.9亿，成为世界上“含银量”最多的国家。在老龄化与数字化并行的进程中，弥合“数字鸿沟”刻不容缓。“跨越数字鸿沟”正是在这样的背景下孕育而生的课题。

这是一次对人口老龄化的积极回应。用数字技术服务老龄社会，关乎亿万百姓福祉。党的二十大报告指出，要“建设全民终身学习的学习型社会、学习型大国”。国务院办公厅发布的《老年教育发展规划（2016—2020年）》提出，发展老年教育，是积极应对人口老龄化、实现教育现代化、建设学习型社会的重要举措。党的二十届三中全会也指出，要完善发展养老事业和养老产业政策机制。近年来，浙报集团依托数智赋能、做好宣传引导、强化人文关怀，践行社会责任。集团旗下浙江老年报与拥有上万名注册学员的浙江老年大学合作，出版这本具有指导意义、操作性强的书籍，尝试破解“数字鸿沟”这一社会难题。

这是一份送给老年朋友的诚挚礼物。智能手机是连接数字社会的主要终端，学会使用智能手机是老年人跨越“数字鸿沟”的关键一步。本书充分发挥浙江数字化改革和数字经济先发优势，聚焦高频生活场景和“急难愁盼”问题，对“浙里办”、阿里系、腾讯系等优秀软件平台的高频应用进行本土化解析，从智能手机的基本功能开始，涵盖社交、医疗、学习、消费、出行等各使用场景，助力老年人独立、安全、便捷地获取互联网服务，让数字生活真正可感、可触、可实现。

这是一场主流媒体变革重塑的生动实践。浙报集团坚持扬改革风气之先，是国内最早一批开始数字化改革的主流媒体。集团以争创新时代一流党报集团为目标，坚持内容、平台、技术、产业、治理“五端发力”，努力构筑渠道、数据、体制机制等互融共生、相互赋能的融媒生态系统。此书汇编过程中，充分运用了移动互联网思维和集团媒体深度融合的最新成果，发挥党媒智库优势，在老年文化风尚引领、老龄社会问题研究和数字化改革红利共享等方面作了非常有益的尝试。此书付梓无疑又是领风气之先，让数字养老方案变得可循、可行、可推广。

“莫道桑榆晚，为霞尚满天。”希望本书能为老年人打开一扇通向丰富多彩数字世界的大门；希望广大老年人继续保持旺盛的学习热情，在老有所学、老有所乐中不断提升获得感、幸福感、安全感；希望在全社会的共同努力下，数字时代的“夕阳”焕发“朝阳”的青春活力，树立长者风范，建设和谐生活，善莫大焉！

浙江省新闻工作者协会主席

浙江日报报业集团社长、党委书记

姜　军

2024 年 7 月

C O N T E N T S

目录

1

第一章

基础设置篇

第一节 智能手机的桌面图标

刚接触智能手机时，不熟悉操作的老年人不在少数。而了解手机图标，是用好智能手机的关键。今天我们就来聊一聊智能手机的桌面图标。

扫码看教学视频

一、手机图标的分类

一个手机图标就对应一款手机软件，点击某个图标就可以打开该软件。

手机图标可以分为系统应用图标和非系统应用图标，其中系统应用图标主要包括“设置”“电话”“应用市场”（或“应用商店”）“相机”“图库”等。

“设置”和“应用市场”是最重要的两个系统应用图标，前者关系到手

手机桌面上的系统应用图标，左边的是华为手机，右边的是苹果手机

机的许多应用项目的参数调整设定，后者是手机软件的安全下载平台。一般来说，非系统应用图标为后期下载安装软件的图标，例如：微信、支付宝、百度、淘宝等。

手机图标还可以按应用功能分类，分为社交功能图标（如微信、电话、信息、QQ 等）、支付功能图标、摄影功能图标、生活功能图标（如手电筒、计算器、日历、时钟、收音机、天气等）等类别。

二、手机软件的安装

不管是安卓系统还是苹果系统，要在手机上安装软件，最常用、最安全的下载渠道就是“应用市场”。以华为手机为例，打开“应用市场”，在搜索栏输入要下载的手机软件名称，搜索到软件后，点击“安装”，剩下的就可以交给手机来完成了。另外，也可以在系统推荐的“精品应用”（或“热门应用”）中寻找需要的软件。“应用市场”还提供了各类软件榜单，方便你找到合适的软件。

三、手机软件的删除

当我们在“应用市场”下载并安装了很多软件，却发现有些软件基本用不到，而且越来越占空间，该如何管理这些软件呢？可以删除不常用软件。

一般来说，系统应用是不可删除的，删除系统应用会影响手机系统的稳定和正常的运行，所以删除手机软件一般是针对非系统应用而言，当确定某个软件长时间不会使用，而手机内存空间比较有限时，我们可以删除该应用软件。

删除手机软件的方法是：如果你用的是华为手机，长按要删除的软件图标，会出现“分享”和“卸载”两种选择，点击“卸载”，这时会出现一个是否要卸载该软件的提示框，点“卸载”则该软件就被删除了。苹果手机长按要删除的软件图标时，所有非系统应用图标的左上方会出现“–”，点击要删除的图标左上方的“–”，再在弹出的提示框中选择相应选项，即可删除软件。

四、手机桌面的整理

我们可以通过移动图标整理手机桌面。

可以把最常用的四五个图标放到手机桌面底部的固定区域。一般来说，常用图标有“电话”“微信”“信息”“相机”“设置”等（具体根据个人使用频率而定）。

也可以使用文件夹管理图标。对同类性质的图标，可以把它们放在一个文件夹里，这样手机桌面就整洁多了。长按一个图标，将其拖拽到另一个图标上，一个含有这两个图标的文件夹就建好了。点开这个文件夹，长按文件夹上面的文字，输入新的文件夹名称，还能为文件夹更名。

五、手机的输入法

不管是回复留言还是编写文字，都需要用到输入法。智能手机有多种输入法，主要包括拼音 9 键、拼音 26 键、手写、五笔等。对于老年人来说，手写输入法是比较常用的一种输入法。怎样切换呢？当需要在手机上输入信息时，会弹出一个输入界面，我们可在此界面点选切换按钮，会弹出各种可选的输入法，只需做一次选择，以后每次要输入文字时，都会自动选择该输入法。

第二节 如何设置手机时间

手机作为我们生活中必不可少的工具，被使用最多的也许就是时间功能。很多老年人在看时间时，习惯于 12 小时制，这样几点几分一目了然，省去 24 小时制换算的麻烦。那么，手机上该如何设置和切换这个显示效果呢？

扫码看教学视频

也有老年人反映，每次在手机上看时间都要按电源键再解锁屏幕，操作略显麻烦，能不能在锁屏状态下显示时间？

今天，我们就以安卓系统手机为例，来学一学关于设置手机时间的几个小技巧。

一、调整时间格式

打开手机设置，依次点击“系统和更新”“日期和时间”选项，即可进入“日期和时间”设置界面。将“24 小时制”开关打开，手机桌面的时间页卡即可显示为 24 小时制，如 18:30；将此开关关闭，则显示 12 小时制时间，如下午 6:30。

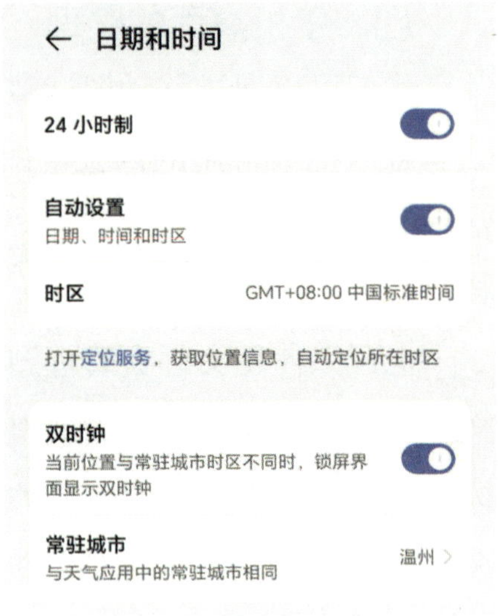

在“日期和时间”设置界面，可切换时间格式

在“日期和时间”界面，还有其他几个设置开关，是做什么用的呢？“自动设置”开关用于自动或手动调节日期、时间、时区，打开此开关，能在手机联网后自动同步中国标准时间。

“双时钟”开关的作用，是可以设置两个城市的时间，一个是你当前定位的城市，另一个是你设置的常驻城市。比如，你在杭州，但是你的家乡是温州，那么，手机桌面的时间页卡会显示杭州、温州两个城市的时间，以及这两个城市的天气预报。

二、设置手机闹钟

手机自带的“时钟”软件，提供了闹钟、秒表、计时器等功能。

手机闹钟设置界面

打开手机上的“时钟”软件，或直接点击手机桌面的时间页卡，都能快速打开

“闹钟”界面。在这里,你可以点击页面下方的“+”号添加新闹钟。“新闹钟”设置界面显示小时和分钟选项，通过上下滑动数字滚轮即可调整时间。如果你采用的是 12 小时制时间格式，则要注意上午和下午的区别。

当需要每天或特定日期重复响铃提醒，可进入“重复”选项，选择需要重复的日期即可。你还可以根据需要，设置不同的闹钟铃声、响铃时长和再次响铃间隔时间。

此外，“时钟”软件还提供了世界时钟、秒表和计时器等便携实用的辅助工具。比如，可通过打开手机秒表，用手按住桡动脉计时 1 分钟来计算心跳次数；当需要倒计时时，则可通过“计时器”进行辅助计时，到点提醒。

三、熄屏显示时间

一般情况下，手机在熄屏状态下什么事情也做不了，想要看时间得按下开关键亮屏显示。其实，不少手机暗藏着“熄屏显示”功能，可以在不解锁手机屏幕的情况下显示时间。

打开手机设置，在“桌面和壁纸”(或“桌面和个性化”)选项，点击“熄屏显示”图标，就会看到“熄屏显示”开关。开启后，进入“显示方式”选项，可以将显示方式切换成轻触显示、定时显示或全天显示。如果选择“全天显示”，则手机在熄屏状态下，也能在屏幕上看到当前日期、时间等信息。

你还可以通过选择个性图片，改变屏幕显示效果。

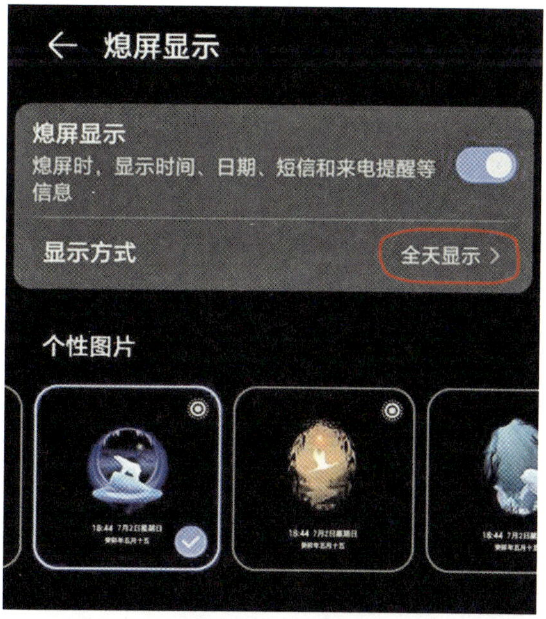

在“熄屏显示”界面，开启“全天显示”，就能让手机在熄屏不解锁状态下显示日期、时间等信息

第三节 如何让手机省电不卡顿

很多老年朋友反映，智能手机用了一段时间后，运行速度变慢、耗电加快，而且通知栏常有各种消息弹出，不知道该怎么处理。其实，这和多个应用程序一直在后台运行有关。

扫码看教学视频

今天，我们来学一学清理手机后台程序、关闭应用通知等清理手机内存、让手机省电不卡顿的方法。

一、清理后台程序

清理手机后台程序，首先要打开后台界面查看正在运行的程序。

如果你的手机屏幕底部显示的是三键导航，点一下方框图标，即可弹窗显示后台所有正在运行的程序，一个个上滑关闭程序，或点击屏幕正下方的删除图标，一键清理所有后台程序，释放手机内存。

打开后台程序，一键清理释放内存

如果你的手机屏幕底部没有显示三键导航图标，则采用的是手势导航，可用手指从屏幕底部边缘上滑并停顿，在弹出的后台界面一个个关闭程序或一键清理所有程序。

如果要切换手机导航方式，可打开手机设置，找到并进入“系统和更新”选项，打开“系统导航方式”界面，即可将导航方式设置为“手势导航”或“屏幕内三键导航”。

二、关闭应用通知

关闭应用通知有多种方法，一种常用的方法是从手机顶部下滑展开通知栏，左滑不想看的应用消息，此时会显示设置、删除两个图标。若点击删除图标，只是简单关闭该条消息通知，后续有新消息时，状态栏还会继续显示提醒；若点击设置图标，选择“关闭通知”，将不再接收该应用的消息提醒。

第二种方法是，打开手机设置，进入“通知”（或“通知和状态栏”）选项，然后在“批量管理”中依次关闭不想接收通知提醒的软件开关即可。

需要注意的是，关闭应用通知有利有弊，其优点是安静、不会被打扰，可以专注于工作学习；缺点是会错过消息提示，很可能无法立即处理紧急消

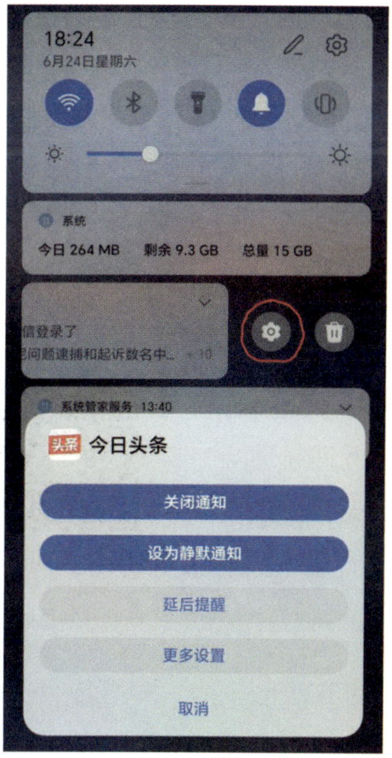

下滑展开通知栏，左滑应用消息，点击设置图标，选择“关闭通知”

批量管理应用通知界面

息。建议关闭一些不重要的软件的通知提示,保留重要软件的通知提示功能。

三、提高续航能力

应用软件的自启动功能如果开启了，这个软件就会自动运行，容易造成手机卡顿、流量消耗更多、开机速度变慢等影响。

如果想要节省电量，就可以把这个功能关闭掉。

以安卓系统的手机为例,打开设置,找到“应用”(或“应用和服务”)选项,进入“应用启动管理”，把其中设置了“自动管理”的软件关闭，这些软件就不会自动启动了，也不会在退出状态下自动运行，既能省电也能让手机更流畅。

此外，当我们手机电量不足时，可通过开启“省电模式”，提高手机续航能力。

第一种方法是，从屏幕顶部向下滑动弹出状态栏，点击“深色模式”按钮，一键开启低电量模式。第二种方法是，打开手机设置，进入“电池”选项，开启“低电量模式”(或“省电模式”)，就能延长续航时间啦。

第四节 如何使用手机快捷功能(上)

扫码看教学视频

日常生活中，我们常要使用智能手机快速开启或关闭某些功能，比如打开手电筒照明，快速将手机连接到家里的无线网络、蓝牙设备，关闭手机移动数据开关，快速截屏或录屏……

下面将分两节来介绍手机快捷功能的使用，今天，先一起来学习快速开启手电筒、连接无线设备的方法吧。

一、打开手电筒

按一下手机电源键点亮屏幕，当手机处于锁屏状态时，从屏幕底部向上滑动，在弹出的图标中点击“手电筒”即可快速开启手电筒；当手机处于解锁待机状态时，从屏幕顶部向下滑动，在弹出的快捷开关中，点击“手电筒”即可开启。

手机锁屏后，如何做到不按电源键就亮屏？可打开手机设置，进入辅助功能，选择快捷启动及手势选项，进入亮屏选项，打开拿起手机亮屏开关，就能在手机熄屏状态下拿起手机自动亮屏。此后，从屏幕底部上滑操作，就能快速打开手电筒。

有什么方法可以让手机快速解锁屏幕？试试人脸识别功能。打开手机设置，进入生物识别和密码选项，点击人脸识别，录入面部信息，将解锁屏幕开关打开，选择直接解锁。此后，手机屏幕朝向脸部，就能自动解锁屏幕，

锁屏状态开启手电筒

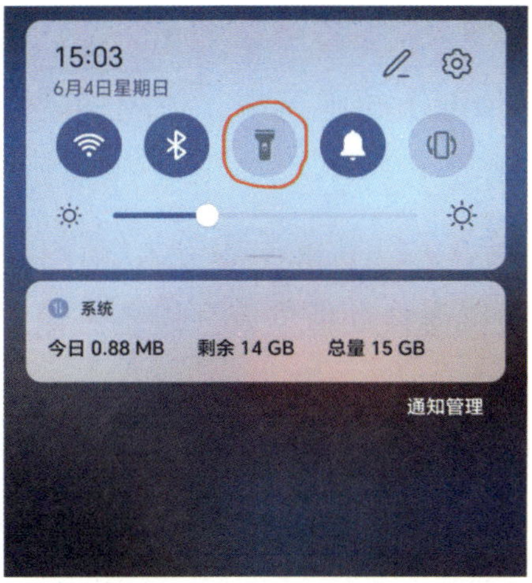

解锁待机状态打开手电筒

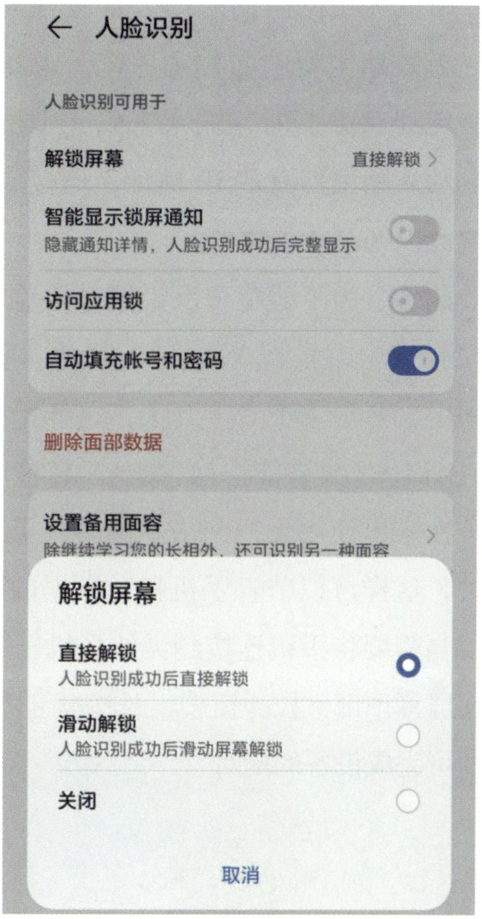

设置人脸识别解锁

随后从屏幕顶部下滑操作，就能快速打开手电筒。

二、如何连接无线设备

当家里新安装了无线路由器，或在图书馆等公共场所需连接无线网络，该如何操作?

解锁手机屏幕，从屏幕顶部向下滑动，在弹出的图标中长按 WLAN 图标，打开 WLAN 开关，页面可能会出现多个无线网络名称，找到需要连接的无线网点击进入。

开启 WLAN+ 开关

布设无线网络的时候，都会预先设置好无线路由器的名称和密码。首次连接该无线路由器时，输入密码，手机就会自动从路由器获取 IP 地址，连接成功后就可以畅享无线网络了。

此外，为了避免每次上网都要重新连接无线网络的麻烦，可在屏幕顶部下拉弹窗中，长按 WLAN 图标进入 WLAN 设置页面，在更多 WLAN 设置选项中，开启 WLAN+ 开关，这样手机会保存连接过的无线网络记录，自动开启 WLAN 或智能切换 WLAN 与移动数据。

在家里使用无线网络上网时，可在屏幕顶部下拉弹窗中，关闭移动数据开关，这样可以节省手机移动数据的流量消耗。

当需要将手机连接到无线耳机、无线音响、无线智能手表等无线设备时，可在屏幕顶部下拉弹窗中，长按蓝牙图标，手机会自动搜索蓝牙设备，输入密码即可完成设备的配对。

第五节 如何使用手机快捷功能（下）

上一节介绍了快速打开手电筒、连接无线设备的方法，今天，我们来学一学快速截屏、录屏、开启个人热点的方法。

扫码看教学视频

一、快速截屏

手机截屏录屏功能有不少应用场景，比如，在微信聊天时，可以将重要内容截屏保存到图库备忘或者分享给别人；在网上购物时，商家承诺的服务事项，以及会话记录，都可以通过截屏录屏来留存证据。

下面，我们以安卓手机为例，介绍 5 种常用的截屏方法。

最常见的一种就是同时按住音量下键和电源键来实现截屏。

其他几种方法需要先打开功能开关才能实现。具体操作步骤是：打开手机设置，找到辅助功能，在这里可以看到“快捷启动及手势”选项，点击进入，打开“截屏”，把“指关节截屏”开关和“三指下滑”开关打开。

第二种方法，在屏幕上用单指关节敲击两下屏幕，就能快速截屏。

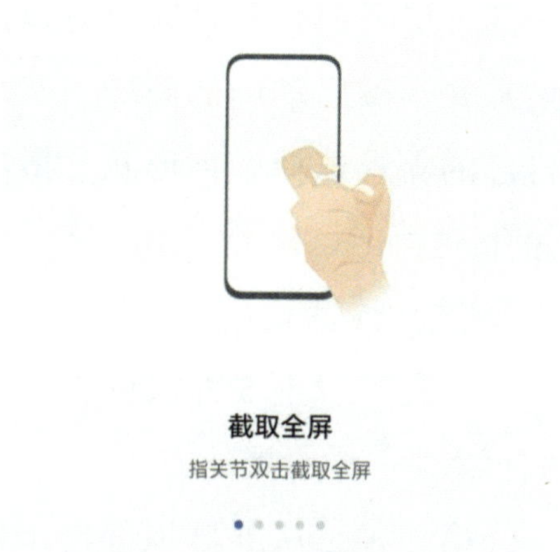

截取全屏方法

滚动截屏方法

第三种是状态栏截屏。在手机处于解锁状态时，从屏幕顶部向下滑动弹出状态栏，然后从快捷图标中找到“截屏”，点击一下就可以截屏了。

第四种是截长图。用指关节在屏幕上敲一下，然后画出一个“S”，就能滚动截屏，再用手指敲击一下屏幕，便会停止截屏并拼接成一张长图。

第五种是局部截屏。当需要截取一部分屏幕内容的时候，可以用手指敲击并画圈启动局部截屏，然后根据自己的需求选择一种形状，最后点击保存。

局部截屏方法

二、快速录屏

学会了以上 5 种截屏方法后，我们再来学一学录屏的方法。

第一种是从屏幕顶部向下滑动弹出状态栏，然后从快捷图标中找到“屏幕录制”，点击一下就会弹出录屏小窗口并开始录屏。此时，可以点击“麦克风”录制外界声音，或者关闭“麦克风”只录制手机上发出的声音。当要结束录屏时，只需再点一下录屏小窗口的录制按钮即可。

“屏幕录制”快捷图标

第二种是用双指关节连续快速双击屏幕启动录屏。使用这种方法，需要先打开手机设置，找到辅助功能，将“快捷启动及手势”选项中的“录屏”开关打开。

需要提醒大家的是，经过以上截屏或录屏操作，相关图片或视频都保存在“图库”中，打开图库软件就能找到文件啦。

三、开启个人热点

当我们外出，需要给另一部手机或平板设备提供无线网络时，可以通过开启“个人热点”的方式共享手机流量。

首次使用“个人热点”时，可从屏幕顶部向下滑动弹出状态栏，然后从快捷图标中长按“个人热点”进入页面，设置一个密码。此后，直接打开“个人热点”开关即可将个人流量分享给其他设备。

其他设备可从屏幕顶部向下滑动弹出状态栏，长按 WLAN 图标，即可从可用的 WLAN 中链接“热点”，输入密码完成连接后即可上网。

第六节 如何个性化设置手机

生活中，不少老年人因为常接到各种骚扰诈骗电话，以至于不愿去理会来电。那么，如果来电的是家人或朋友，有没有办法用不同的声音来作区分？今天，给大家介绍几个关于手机个性化设置的小技巧，快对照着操作起来吧。

扫码看教学视频

一、给家人设置专属铃声

想给家人设置一个专属铃声，一听到电话铃声就知道是谁打来的，该怎么设置？

打开手机上的电话软件，切换到联系人，或者直接打开联系人软件，找到目标联系人并点击进入详情界面，在电话号码下方你会看到“电话铃声”选项，默认为系统来电铃声。

进入“电话铃声”界面，可在各种类型的铃声中选择喜欢的一种，或从本地音乐中选择歌曲作为来电铃声。

在“电话铃声”界面还有一个“选择视频铃声”选项,这是做什么用的?其实，你可以事先用手机相机拍一段小视频，比如“女儿来电话，快来接听啦”，这样当你通过铃声界面选择该视频时，就能预览来电时的视频播放效果。确定应用后，当家人来电时，就会播放该视频。

来电铃声太轻，听不见怎么办？打开手机设置，进入“声音和振动”选项,通过左右调节“来电、信息、通知”的滑动块,就能增大或减小铃声音量。

用手指向上滑动屏幕，找到最底下的“更多声音和振动设置”，点击进入后，选择“响铃时振动”，这样手机来电响铃时会有振动提醒。另外，你也可以打开“拨号按键音”等开关，设置操作拨号键盘时的声音反馈。

打开手机联系人，找到目标联系人并点击电话铃声，可选择自己喜欢的铃声

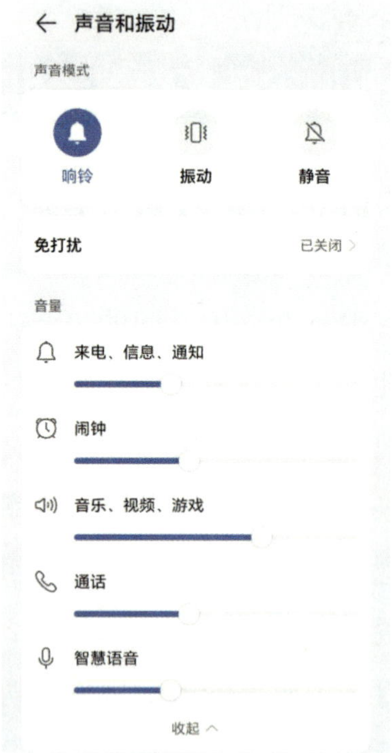

在“声音和振动”选项调节铃声音量

本地没有合适的音乐，该怎么办？你可以通过手机设置的“声音和振动”选项，进入“来电铃声”界面，选择在线铃声，即可浏览、搜索、试听歌曲，将其设置为来电铃声或彩铃。

需要注意的是，选择在线铃声可能需付费，请按需购买。

二、将风景照设置成壁纸

手机壁纸分为两类，一类是手机屏保，也就是手机锁屏状态显示的图片；另一类是手机桌面，也就是手机解锁状态显示的图片。

平时用手机拍摄了一些好看的照片，想把手机壁纸换成自己拍的照片，该如何操作？

打开图库软件，选择自己喜欢的图片，点击图片右下角的“更多”，依次选择“设置为”“壁纸”“确定”，然后选择设为锁屏或设为桌面，也可同时设置，即可更换手机壁纸。

选择图片，将其设为锁屏或桌面

如果你觉得手机桌面配上软件图标显得杂乱，需更换壁纸，可打开手机设置，进入“桌面和壁纸”（或“桌面和个性化”）选项，点击“壁纸”图标，从图库中挑选其他照片，或选择系统推荐的壁纸进行更换。

需要注意的是，无论选择什么样的摄影题材作为手机壁纸，建议构图取景尽量简单一些，摄影主体不要太大，以上下左右皆有留白为宜；最好把摄影主体放在照片中间，以免被桌面应用图标所遮盖。另外，在拍摄手机壁纸照片的时候，为了减少对眼睛的刺激，应尽量选择护眼的颜色，同时，照片颜色对比和明暗对比最好不要太强烈。如果没有绿色背景的照片，其他深色系的照片也可以考虑，以不刺激眼睛，适合长时间观看为宜。

第七节 如何让手机提醒自己做事

“刚刚还想着要到菜市场买个西瓜，可是到了水果摊，却记不起要买哪种水果。”“临近中午，竟然想不起早上有没有服用降压药。”生活中，你是不是常听到旁人调侃自己“年纪大了容易忘事”。

扫码看教学视频

俗话说，好记性不如烂笔头。除了用纸笔记事外，有没有办法让手机来帮助我们记录生活中的趣事，或在合适时间提醒我们做该做的事情？今天，我们一起了解手机的记事和提醒功能。

一、使用日历提醒功能

不管是安卓系统还是iOS系统的手机，都预置了“日历”“笔记”等生活软件。打开手机桌面的“日历”软件，即可显示包括年月日、农历、节气等信息在内的日历表。

如果有重要的日程安排要记录或提醒，选中日期即可新建日程。比如，患有高血压、糖尿病等慢性病的老年人需要长期服用降压、降糖药，可通过以下参考步骤设置提醒。

打开“日历”软件，选中某一天，点击页面右下角的“+”进入“新建日程”页面，在标题栏输入用药提醒，如降压药每日1片、降糖药每日半片。随后，将提醒的开始、结束时间均设为8时，在更多项中将重复提醒设为每天，打开闹钟提醒开关，将提醒设为准时，点击右上角的“√”就完成了日历设置。此后，每天8时，系统会以闹钟形式提醒服药。

我们还可在手机桌面建立“日历”卡片，方便快速查阅。在手机屏幕上

日程编辑界面

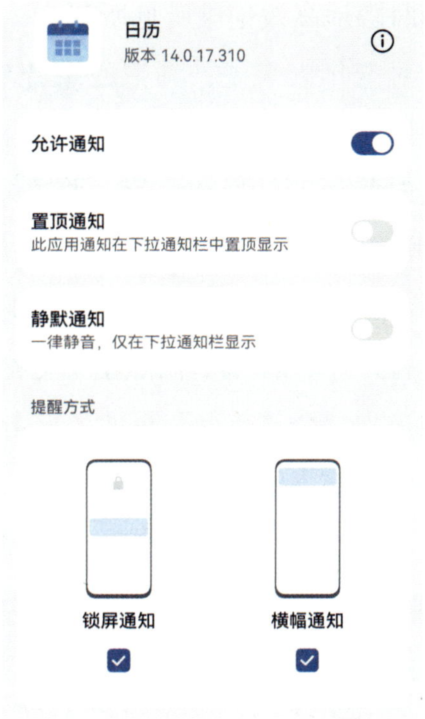

手机日历“通知管理”界面

捏合双指，缩小窗口，显示“桌面卡片”等图标。点击“桌面卡片”，在“日历”菜单中选择喜欢的卡片样式，点击“添加到桌面”，就将“日历”添加到桌面空白区域。

需要注意的是，如果手机没在设置的时间作出闹铃提醒，很有可能是我们关闭了“日历”的通知功能。开启方法是，打开手机桌面的“设置”，进入“通知”菜单，在应用中找到“日历”，打开“允许通知”开关，并在“类别”中设置铃声。

二、使用笔记提醒功能

除了“日历”软件外，我们还可以通过“笔记”或“备忘录”软件快捷记录生活里的点滴。

与纸质笔记本相比，手机“笔记”软件不仅支持添加文字、实时统计字数、设置字体格式，还支持拍照、上传图片、录音、手写等多种记录方式，让我们随时随地高效记录所见所闻。

对老年人来说，其中的录音功能省去打字的麻烦，在录音的同时，“笔记”软件会实时将语音转换成文字。将文字复制出来，还可以进行编辑操作。

和“日历”相似，“笔记”也有提醒功能。

打开“笔记”软件，点击下方的“待办”选项进入“全部待办”页面，点击“+”即可新建待办事项。输入简短描述后，点击“闹钟”图标，设置提醒时间后，保存“待办”事项。此后，“笔记”软件会在设置的时间作出提醒。

手机“笔记”编辑界面

第八节 智能手机设置的五个技巧

很多老年人有这样的经历：出门在外，常用手机聊天、听广播、刷短视频，担心手机流量使用过多，产生额外费用；每次给家人打电话，都要从电话簿里翻找电话号码，很是麻烦……

扫码看教学视频

其实，对智能手机做一些设置，能大幅度提高使用效率。今天，我们一起来了解 5 个手机使用小技巧。

一、设置一键拨号

老年人记性变差，不太容易记住手机号码，所以给手机设置几个可以一键拨号的电话号码很有必要。

首先，打开“电话”，在“联系人”中点击“+”号，将家人电话号码保存起来。然后，在拨号界面点击右上角“…”（或“::”），进入设置后点击“快速拨号”，在出现的数字界面中点击除1之外的数字，添加联系人，这样就完成了“一键拨号”设置。此后，在拨号界面长按数字，就能直接拨打对应联系人的号码。

如果要删除或修改已设置号码，可在“快速拨号”界面点击数字，根据提示操作即可。

“快速拨号”设置界面

二、设置紧急求助

老年人可以将手机开启“SOS紧急求助”功能，遇到危险时，就能在手机锁屏情况下快速发出求助信息、拨出求助电话。

以安卓手机为例，打开手机设置，进入“安全”界面，点击“SOS紧急求助”选项，进入设置界面。点击“添加紧急联系人”，在通信录里选择亲人或朋友作为紧急联系人。

当选择开启“自动发送求助信息”和“自动拨打求助电话”时，连按5次电源键，就会自动向紧急联系人发送附带当前位置的求助信息并播报求助录音。如果紧急联系人没有接听，还可以选择拨打110、119、120等紧急求救电话。

三、设置通话录音

对老年人来说，学会使用通话录音功能，可以帮助自己牢记重要的事情。

拨打电话的时候，在通话键盘中点击“录音”就可以把通话内容录下来。之后，打开手机上的“录音机”，就可以找到通话录音。

此外，还可以通过设置将所有通话或者与指定电话号码的通话录音。

具体操作步骤是，在拨号界面点击右上角“…”（或“::”），进入设置后点击“通话自动录音”即可开启。点击“自动录音对象”，选择指定号码进行录音，这样就不用担心占用太多内存。

四、设置字体大小

老年人视力下降，不容易看清楚手机屏幕上的字，容易看错、点错，影响使用体验。这个时候，我们就需要把手机字体调大一些。

具体操作步骤是，打开手机的设置功能，点击“显示和亮度”按钮，找到“字体与显示大小”，点击进去可以设置字体或显示大小。其中，“字体大小”仅针对文字，“显示大小”则可设置文字、图片等界面元素大小。设置好字体或显示大小后，系统会自动匹配显示效果。

五、设置流量管理

很多老年人的手机消耗数据流量很快，这是为什么？绝大多数情况下，是因为开启了“智能切换移动数据”功能所致。

以安卓手机为例，打开“设置”，依次进入“移动网络”“移动数据”界面。点击“高级”就能看到“WALN/移动数据连接切换提示”选项，可选择当WLAN连接断开时不使用移动数据连接。此外，还可以通过手机设置避免数据流量使用过量。打开“设置”，通过“移动网络”进入“流量管理”界面，就能看到哪些软件最耗流量。

点击“更多流量设置”，设置“套餐限额”以及“限额提醒”，这样当月度流量即将超限时会自动断开移动网络。

为避免流量大户消耗更多流量，我们可以进入这类软件设置界面，找到各种与节省流量相关设置。如微信“我→设置→通用”，将其中“自动下载微信安装包”改为“仅Wi-Fi网络”，关闭自动下载、移动网络下自动播放视频等功能。其他应用的思路相似，比如视频播放类软件仅使用Wi-Fi网络播放、资讯类的仅Wi-Fi网络加载清晰大图等。

让智能手机省流量最直接有效的方法就是关闭移动数据。以安卓手机为例，从手机最上方往下滑屏，在功能按钮中即可选择开启或关闭“移动数据”。

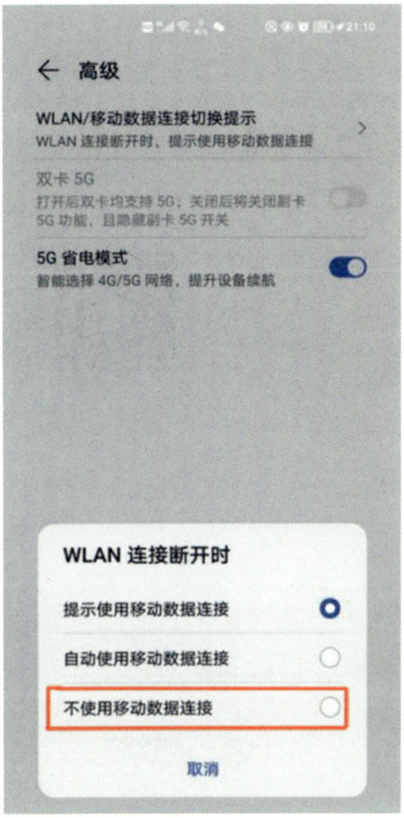

移动数据高级设置界面

“流量管理”界面

那么，如何查询手机套餐还剩多少流量，用了多少话费？这里介绍 3 种查询方法。

一是通过短信查询流量。移动用户向“10086”发送“CXLL”短信，联通用户向“10010”发送“CXLL”短信，电信用户向“10001”发送“108”短信，就能接收到短信，查询到本月已使用流量、剩余流量等信息。

二是通过微信查询流量。以移动用户为例，用微信搜索并关注“中国移动”官方微信公众号，点击菜单“我的服务”中的“套餐余量”，输入手机号、验证码，勾选“同意协议”后登录，即可查询到套餐内流量的使用情况。其余用户也可以搜索自己运营商的官方微信公众号按提示操作。

三是通过拨打运营商客服电话或通过使用运营商 App 查询流量使用情况。

第九节 如何关闭手机里的广告

“我的手机在使用时经常弹出各种广告，关不掉，反复出现，影响手机正常使用。怎样才能关掉这些广告？”来自杭州的蔡阿姨发来求助信息。

扫码看教学视频

以安卓系统为例，我们在手机上安装软件时，一般都会提示要求开启各类权限，比如位置信息、相机、麦克风、通信录、存储等，很多软件如果不授权是无法安装的，或是安装后无法使用，出现闪退等情况。然而开启各种权限的后果是，在使用手机过程中可能会被开屏广告、横幅广告、插屏广告、信息流广告等各种广告滋扰。

那么，我们应该怎么做呢？

一、谨慎开启权限

我们先来了解安装手机软件时经常提示开启的一些权限。

打开“设置”—“隐私”，可以查看各种软件对不同权限的访问记录

第一，位置权限。这个权限打开之后，应用软件就会知道我们的实时定位，所以除了一些必要的软件，如地图导航软件、外卖软件，其他软件如果索取位置权限，记得要拒绝。

第二，手机相机/麦克风权限。一般情况下，如果软件需要开启此权限，那表明该软件在使用过程中可能涉及扫码、拍照、录音、录视频的操作。确有必要可以选择开启权限，对于不常用或者未知来源的软件，最好不要授权。

第三，信息 / 通信录权限。开启这个权限后会有什么影响呢？通信录里面会保存很多电话号码，如果泄露，很可能导致通信录里的人被“网络诈骗”，被垃圾短信骚扰等。所以对于不重要的应用软件，这个权限也要谨慎授权。

第四，通知权限。一般来说，手机安装应用软件时，都会默认开启“通知”权限，而锁屏或横幅广告弹出，多半和这个权限有关。除了必要的手机聊天软件和个别新闻类软件需要开通信息推送权限外，其他软件不必开启此权限。

【温馨提示】在安装手机软件时，需谨慎开启权限，最大程度保护个人隐私不被泄露。另外，应尽可能从“应用市场”等官方渠道下载安装软件，以免下载到非官方的恶意软件。

二、关闭应用通知或广告推送

如果已经安装并在使用手机软件了，该如何关闭不必要的权限，特别是关闭通知或广告推送权限？

方法一：在设置界面找到相应的应用关闭通知。依次点击“设置”“应用”“应用管理”，找到应用，在通知管理中关闭“允许通知”。

方法二：关闭悬浮窗权限。依次点击“设置”“应用”“应用管理”，找到应用，再依次点击“权限”“悬浮窗”，设置为禁止。

方法三：直接从消息推送中关闭通知。

打开“设置”—“通知”，可以批量开启或关闭软件的通知权限

从屏幕顶端往下滑屏，左滑通知条，点击右侧设置图标，选择“关闭通知”，手机将不再弹出此应用软件的通知推送。

如果无法确认是哪个应用推送了消息或弹出了广告，可以进行批量管理。

方法一：依次进入“设置”“通知”“批量管理”，根据个人需要开启或关闭通知。

方法二：依次进入“设置”“应用”“权限管理”“悬浮窗”，根据个人需要打开应用的悬浮窗开关。

【温馨提示】系统提供了多种开启或关闭权限的路径，我们可以根据个人需要批量关闭不必要的权限，仅保留常用软件的通知权限。

三、开启长辈模式屏蔽广告

从 2021 年 1 月起，工信部在全国范围内开展为期一年的互联网应用适老化及无障碍改造专项行动。目前，已有多款 App 完成了适老化及无障碍改造，涉及金融、出行、购物、新闻等多个领域。虽然各款软件对适老化版本叫法略有不同，如长辈版、关怀版、亲情版等，不过这些软件都有字体大、图标大、无广告、禁止弹窗、无诱导式按键等特点。这为不太熟悉软件操作的老年人带来不少便利。

支付宝长辈模式

怎样将 App 切换为适老化版本呢？我们以几款常见的手机软件为例，介绍其启用方法。

微信开启关怀模式的操作步骤是：打开微信后，点击“我”“设置”“关怀模式”即可开启。

支付宝开启长辈模式的操作步骤是：打开支付宝，点击“我的”“设置”“长辈模式”即可开启。首页只有老年人最常用的收付款、出行、生活缴费等功能，没有营销推送、弹窗等页面。用户还可根据使用习惯，自定义首页上的功能按钮。

电商平台如京东长辈版的开启方法也类似，可以依次点击“我的”—“设置”—“长辈版”开启。该平台对商品页面进行了视频化和图片化改造，方便老年人了解产品详情和选购等。

【温馨提示】经过适老化改造的软件，一般都可以在该软件的设置中找到开启入口。与常规版相比，适老化版本取消了广告弹窗，不再设置广告插件，付款类操作无诱导式按键。老年朋友可以享用纯净的手机应用。

第十节 如何清理手机空间

扫码看教学视频

“我的手机时不时提示存储空间不足，而且越来越卡。如果不换手机，有办法解决吗？”来自嘉兴的胡大伯发来求助信息。

胡大伯所说的这个问题，很多人都遇到过。一些手机厂商在销售手机时会预装很多软件，加上我们刷微信、抖音，拍照片、录视频，以及更新系统和加装应用软件，都会占用手机空间，留下大量数据垃圾，导致手机空间不足、卡顿等问题。

想让手机流畅运行，就需要养成定期清理垃圾的习惯。我们以安卓系统为例，介绍三类清理手机空间的方法。

一、可腾出大量空间的清理方法

这类操作可以较大幅度腾出有效空间。

1. 清理社交软件空间

第一步，清理微信缓存。打开微信后，依次点击“我”“设置”“通用”“微信存储空间”，系统会计算、显示存储空间情况。点击缓存“清理”按键，即可清理微信缓存。

微信还推出了“深度清理”功能，点击“我”“设置”“帮助与反馈”，打开帮助与反馈页面，点击右上角的扳手图标，进入微信修复工具页面，打开“深度清理”开关。这样就可以清理更多缓存，省出更多空间。

第二步，关闭自动下载开关。打开微信后，点击“我”“设置”“通用”“照片、视频、文件和通话”，关闭“自动下载”开关。

第三步，清理聊天记录。打开微信后，点击“我”“设置”“通用”“微信存储空间”，点击“管理”按键，选择需要彻底删除聊天记录的对象，打上钩、点击删除并确认即可。

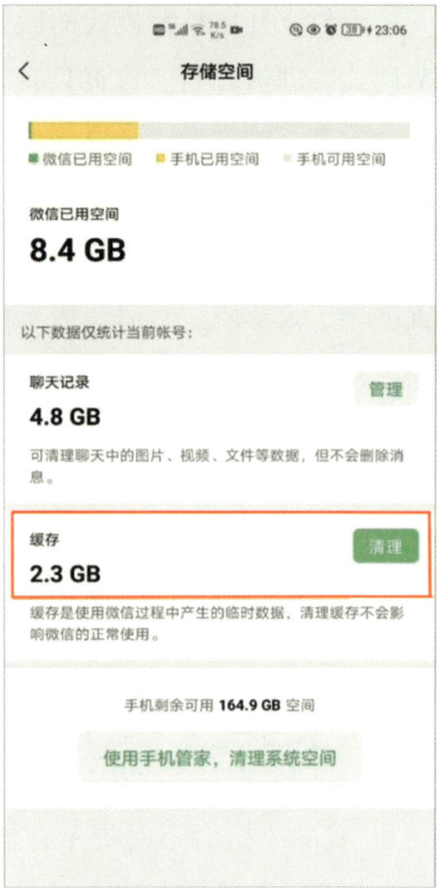

微信自带清理存储空间功能，能清理聊天记录和缓存

2. 清理手机存储文件

建议每周对手机上的照片、视频进行整理，删除不需要的内容。

具体操作步骤是：打开“图库”，选择“照片”或者“相册”，长按图片或视频可进入多选模式，选中要删除的内容后，点击“删除”图标即可删除相关文件。

可将手机用数据线连接到电脑，将图片、视频导入电脑保存。当手机连上电脑时，屏幕上会显示“USB 连接方式”的提示，选择“传输照片”，此时电脑上会多出一个盘符，我们就可以像操作电脑硬盘一样复制、粘贴、删除文件了。

二、能适当增加存储空间的操作

这类操作也可以腾出不少手机内存空间。

1. 卸载不必要的软件

怎样查看一款软件占用了多少内存空间？可以通过“设置”“应用”“应用管理”打开应用管理页面查看软件大小。其中，标有 GB 的文件最大、标有 MB 的文件其次、标有 KB 的文件最小。1GB = 1024MB，1MB = 1024KB。

有了这个概念后，我们可以卸载那些几乎用不着但又很占空间的软件。卸载软件有多种方法，可在桌面上找到软件后，长按图标选择“卸载”；也可在应用管理页面，点击软件后选择“卸载”。需要注意的是，系统软件是无法卸载的。

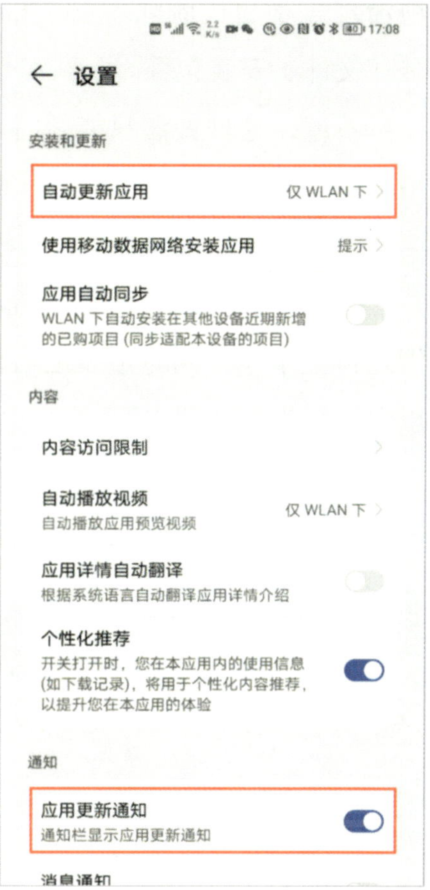

可在“应用市场”关闭软件自动更新

2. 关闭软件自动更新

具体操作步骤是：打开“应用市场”，点击右下角“我的”，点击“设置”打开设置页面，关闭“自动更新应用”开关，还可以关闭“应用更新通知”开关。

三、临时应急的清理操作

这类操作只能短期缓解空间紧张，并不能从根本上腾出更多空间。

1. 系统自带清理功能

所有的 App 在运行后都会产生缓存，这些缓存占用的空间其实也不少。如果有必要的话，可以针对每个软件中做一下缓存清理。

如何清理手机缓存文件？其实，系统自带了清理功能，依次点击“设置”“存储”“清理加速”，即可进入清理加速页面，根据“推荐清理”或“专项清理”项目，删除不必要的垃圾文件、缓存文件、安装包等。

不过，这种做法只能暂时起效，各种App一旦运行依旧会产生大量缓存。

2. 卸载软件重新安装

靠软件清理总还是有残留，彻底卸载清理得更干净，同时重装之后初期还是可以保证较少的空间占用。

【温馨提示】以上三大类解决方案，能给手机腾出不少空间，当然想要更为彻底地解决存储空间紧张的问题还有两种方法：一是恢复出厂设置，通过“设置”—“系统和更新”—“重置”的步骤来操作，执行后可以顶很长一段时间；二是更换新手机。不过，恢复出厂设置操作会删除系统自带软件之外的所有文件，包括通讯录、照片等个人资料，一定要慎用。

系统设置中自带清理加速功能，能清理垃圾文件、安装包等

2

第二章

应用功能篇

第一节

如何玩转微信“长按”操作

微信作为大众生活中常用、实用的手机软件，有许多适合老年人的隐藏功能。今天，给大家介绍几种使用微信时长按 2 秒就会出现的实用好用功能。

扫码看教学视频

一、快捷支付和添加好友

用微信付款或收款，你会怎么做？是不是打开微信 App 后，点击右上角的“+”号，用“扫一扫”来扫商家收款码付款，或用“收付款”亮出自己的付款码给商家扫码付款？

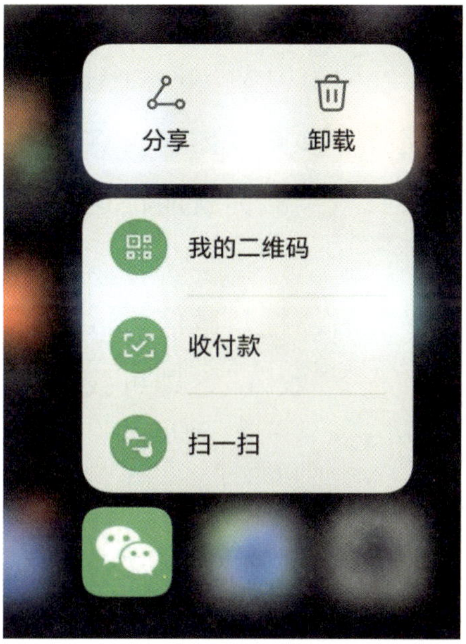

长按微信图标 2 秒，可快捷亮出“我的二维码”，或打开“收付款”“扫一扫”界面

其实，只要长按手机桌面的微信图标 2 秒，就会弹出一个小窗口，点击“扫一扫”或“收付款”，就可以完成付款或收款操作。

当碰到老朋友老同事，对方要加你为微信好友的时候，你会怎么操作？你可能会打开微信 App 后，依次点击“我”、个人信息，亮出自己的二维码名片让对方扫一扫，然后通过对方申请，成为好友。

其实，还有一个更简便的方法，就是长按手机桌面上的微信图标 2 秒，在弹窗中选择“我的二维码”，就能直接亮出二维码名片，让对方扫码添加好友。也可以用“扫一扫”来扫描对方二维码名片，添加其为好友。

二、群聊置顶和收藏记录

对于经常联系的微信好友或群聊，可在微信首页长按并选择“置顶该聊天”，将其放在页面最顶端，方便自己快速查看消息。

此外，在聊天界面，有些信息是很有价值的，为了避免以后找不到该内容，我们可以把它收藏起来。那该怎么操作？

打开微信聊天界面，长按内容 2 秒，在弹窗中先点击“多选”，然后依次选择多项重要内容，点击页面下方的“收藏”图标就能将这些内容收藏起来。

此后，打开微信 App 后，依次点击“我”“收藏”，即可找到自己所收藏的内容。

长按微信好友或群聊图标，可置顶该聊天

三、共享微信好友表情包

微信聊天时，经常会有人用各种表情来“斗图”。当我们看到有意思的表情，可以长按该表情，在弹出的窗口中选择“添加”，将其添加到自己的表情包里。

还可以查找相关表情或该表情的专辑，从中选择自己喜欢的表情，添加到表情包或发送给朋友。

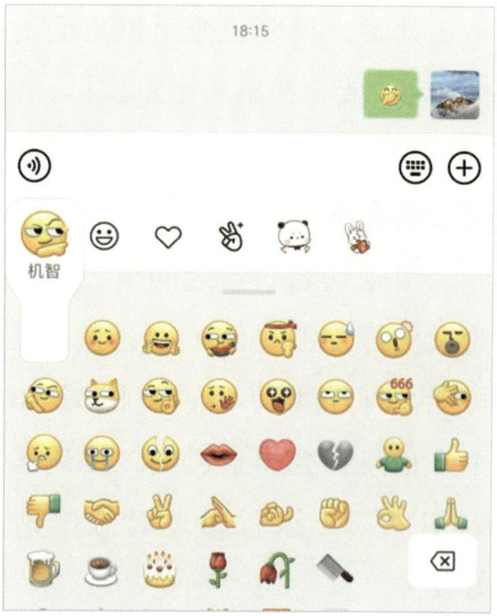

长按微信表情图标，可以看大图效果和文字说明

对于老年人来说，微信自带的表

情图标比较小，老年人看不清楚，容易发错表情。其实，只需长按表情图标2秒，就可以看到该表情的大图效果和文字说明。这样发出去的表情，就符合自己心意了。

四、在朋友圈发表纯文字

很多老年朋友都会在朋友圈发表图文、视频消息，来记录分享自己的心情、生活。具体操作流程为进入朋友圈后，点击右上角的照相机图标，选择直接拍摄照片、视频，或从相册选取照片、视频，接着再配上一段文字发表消息。

其实，微信朋友圈也能发表纯文字消息。进入朋友圈后，长按右上角的照相机图标2秒，就能直接进入文字编辑界面，下方还有“所在位置”“提醒谁看”“谁可以看”等选项。

输入文字，按需选择可以公开的项目，点击右上方的“发表”按钮，就能在朋友圈发表一则纯文字消息。

五、屏蔽朋友圈好友动态

大家的朋友圈里也许有人天天发小广告，可以屏蔽这类消息吗？

你可以长按对方头像，在弹出的菜单中点击“设置权限”，然后选择“不看他（她）”，以后你在朋友圈就看不见对方的消息了。

如果不想让对方查看你的朋友圈，将“不让他（她）看我”开关打开即可。屏蔽好友的朋友圈并不会影响与对方的聊天功能，只是对方的动态不会自动显示在你的朋友圈中。

第二节

如何玩转微信“双击”操作

上一节介绍了微信长按 2 秒可以使用的快捷功能，不少朋友体验后直说方便。

扫码看教学视频

微信还有哪些隐藏的实用功能？今天，我们一起来探索“双击”操作的妙用。

一、快速置顶未读消息

当我们看到手机桌面的微信图标上出现小红点和数字，或者打开微信 App 首页时，左下角出现小红点和数字，这代表微信聊天列表中有未读消息。

如果要一条条查找未读消息，点击阅读来消除小红点，操作比较麻烦。

这时，只需在微信 App 首页双击左下角的“微信”按钮，未读消息就会被置顶。处理完一个对话后，再次双击左下角，可以让下一条未读消息置顶，这样就不会错过好友的消息了。

双击左下角的“微信”按钮，置顶未读消息

二、快速回到朋友圈顶部

当我们在朋友圈滑动屏幕翻看内容时，想要回到屏幕顶部看看有哪些新消息，该如何操作？

其实，不管刷到什么位置，只要双击窗口顶部，就能“嗖”的一下回到了朋友圈最前列，并且微信还会自动刷新内容，比手动滑屏方便多了。

此外，在订阅号消息中翻看公众号文章时，双击顶部区域，页面也会自动翻滚到最上方。

三、全屏显示文字或图片

当好友发来一段很长的文字，你想复制或搜索其中的一些内容，该怎么办？

其实，只要连续点击两下微信聊天界面的消息，就可以全屏显示文字内容，这样阅读起来比较轻松。

还可以方便地对文字进行处理，比如长按文本，可以选取部分或全部文字，进行复制、转发、搜一搜等操作。

不仅如此，双击功能还可对微信群或朋友圈的图片进行二次放大操作。

具体来说，我们打开微信图片时，已经是全屏显示了，要看清楚更多细节的话，除了两个手指同时向外滑动放大图片外，还可以在图片上点击两下，进一步放大图片。再点击两下，图片会恢复成全屏显示。

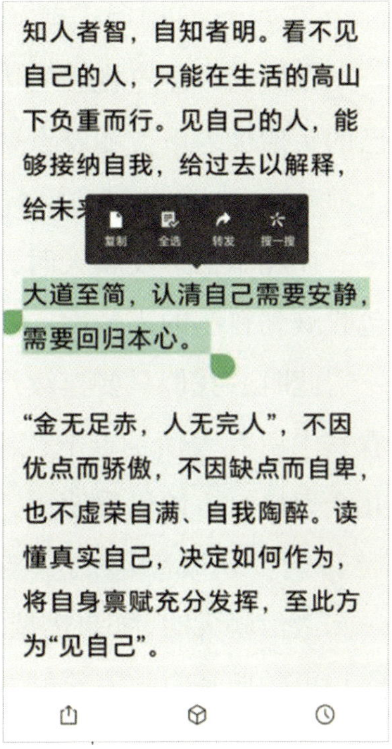

双击微信聊天消息，全屏显示处理文字内容

四、“拍一拍”微信好友

微信聊天时，经常会出现 A“拍了拍”B 的消息，有的还会出现有意思的后缀，这是如何实现的呢？

其实，只需在聊天界面双击好友头像，即可完成“拍一拍”。拍完发现不对，可以再双击好友头像马上选择撤回。

那么，当你被好友“拍一拍”时，用什么方法给对方一句特别的“问候”或“惊喜”呢？

在拍一拍界面设置朋友拍你的时候出现的后缀

依次点击微信 App 中的“我”—个人信

息一“拍一拍”，即可设置朋友拍你的时候出现的后缀。比如，设置成“小脑袋”，不管是自己拍自己，还是别人拍你，都会出现“×× 拍了拍 ×× 小脑袋”。

五、为视频号点赞

在微信中浏览视频号内容时，双击屏幕即可为该条视频内容点赞，把自己的头像加入下方朋友点赞序列。

六、快速收藏表情包

在和微信好友聊天时，如果看到别人发的表情很有趣，想要将此类表情包收藏到自己的表情库，该如何操作？

此时，我们只要连续点击表情包两下，就能快速打开该表情的合集，查看其中所有表情。点击“添加”，即可一键收藏所有表情；也可手动添加某几个表情，方便以后使用。

七、切换前后摄像头

微信聊天时，如果需要拍照分享照片，可点击右下角“+”，选择“拍摄”，将拍摄的照片直接发给好友或微信群。

当需要切换镜头时，只需双击屏幕，就能快速切换到另一个摄像头进行拍摄。

第三节 如何用好微信适老功能

前面我们系统介绍了微信的“长按”和“双击”操作，今天，我们一起来继续探索微信隐藏的更多适老功能。

扫码看教学视频

一、登录微信，允许“我不会”

作为登录微信的第一步，验证环节难倒不少老年用户。在输入手机号码，点击“获取验证码”时，微信新增了图形验证环节，需将滑块滑动到恰当位置完成拼图才能解锁，这给一些视力欠佳的老年用户带来困扰。

现在，微信推出了更简易的验证功能。当遇到不方便查看或操作的验证界面，可点击左下角的“我不会”按钮，等到 20s 倒计时结束，再点击“获取验证码”按钮，复制粘贴收到的验证码，即可登录微信。

点击“我不会”跳过验证

二、好友互助，开启关怀模式

微信上线了关怀模式，只需依次点击“我”“设置”“关怀模式”，即可开启该功能，使微信界面文字更大、色彩更鲜明、图标更醒目。

微信还新增了一种好友互助开启方式。当我们要帮助别人开启关怀模式时，只需在和对方的聊天对话框中输入“# 关怀模式”，然后将这条消息发送给对方。

自己或对方点击该消息后，跳转到关怀模式介绍界面，按提示操作就能很方便地开启关怀模式，开启“听文字消息”功能，这样只需在聊天界面点一下文字消息，就能听到文字的语音播报。

三、语音消息，一键收藏反复听

很多老年朋友有存储、收藏老物件的习惯，可微信中的语音消息不能保存到手机也不能转发。小外孙发来的语音很动听，子女发来的叮嘱很贴心……以后想经常拿出来听听，总不能每次都翻聊天记录，那该如何收藏呢?

此时，我们可以长按消息，在弹窗中选择“收藏”，即可收藏单条语音消息；选择“多选”，选中要收藏的语音消息，再点击页面下方的“收藏”图标，即可批量收藏。

此后，依次点击“我”—“收藏”，就能查看收藏夹，反复播放语音。

四、发错语音，快速撤回消息

所谓“说出去的话，泼出去的水”，话语出口犹如覆水难收，但在微信上有一种挽救措施叫“撤回”。

这里分两种情况，一种是语音已经发出去，可在2分钟内长按后选择“撤回”；另一种是语音已“箭在弦上”，该如何取消呢？

只需继续用手指按住“说话”按钮不松开，然后向上滑动至屏幕左边的“松开 取消”区域，就可以取消发送语音消息。如果手指滑动到了屏幕右侧的“转文字”区域，即使松开手指，也可选择“取消”，同样不会发送语音消息。

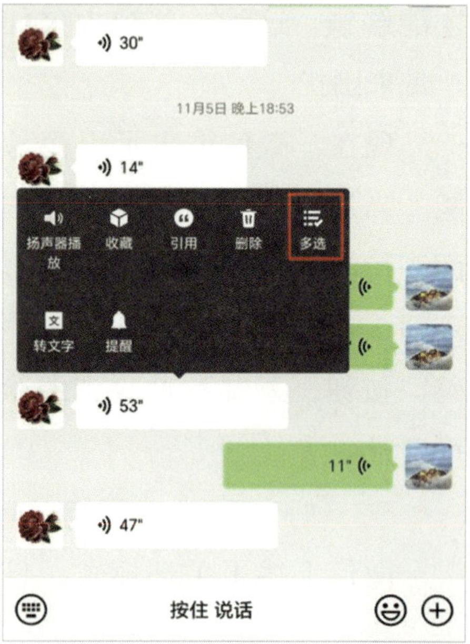

长按语音消息，在弹窗中选择“多选”，可将多条语音收藏起来

五、添加好友，快速切换二维码

当我们面对面添加微信好友时，总会纠结于“你扫我”还是“我扫你”。

如果双方同时打开“扫一扫”，等着扫对方的微信二维码名片，该如何应对？

其实没那么麻烦，只需点击“扫一扫”界面，左下角“我的二维码”图标，即可快速跳转到自己的微信二维码名片，让对方扫一下就能申请添加好友了。

在语音聊天时，按住“说话”按钮，向左上方滑动至“松开 取消”区域，即可撤销语音

第四节 使用微信的 10 个技巧

聊天、付款、看文章……随着软件迭代升级，微信功能越来越丰富了。

扫码看教学视频

家住杭州市上城区的王阿姨在咨询手机使用问题时坦言，自己天天用微信，不过她发现，别人可以在群里转发微信语音消息，但是自己点击这条消息时却不能转发，不知该怎么正确操作。

今天，我们就来盘点一下使用微信的 10 个小技巧。

一、暂停语音消息

微信聊天最令人头疼的场景是什么？有人会说，是对方发来一连串语音，还都是超过 30 秒的长语音，要是没有一次性听完，只得重新再听一遍。

目前，微信已上线“语音暂停”功能，超过 13 秒的语音消息支持暂停操作。在播放语音消息时，只需要点一下语音消息框，就能暂停，再点击一下“继续播放”，就能继续听剩下的内容。

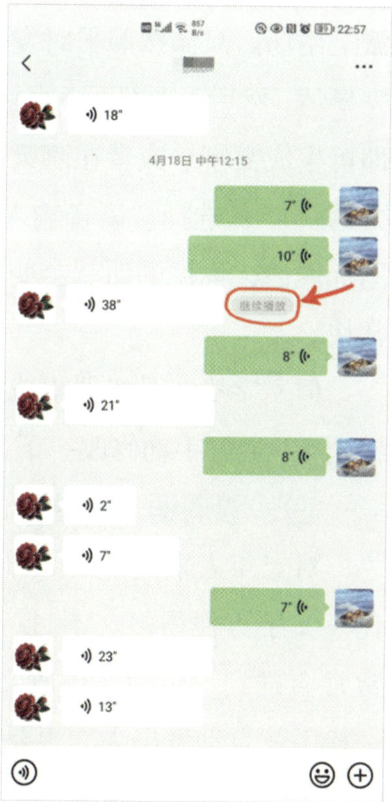

微信的“语音暂停”功能能在播放长语音时，暂停播放或继续播放

二、扬声器播放语音

微信有听筒和扬声器两种播放语音的模式，第一种是隐私情况下使用，需要将手机贴近耳朵才能听得清楚。

通常为了使用方便可用第二种模式。长按某条语音，然后点击“扬声器播放”即可开启；或者在“设置”—“聊天”中直接关闭“使用听筒播放语音”。这样我们就能“解放”双手，听别人发来的语音。这种模式下听到的语音声音比较大，适合听力不好的老年人使用。

三、语音转成文字

如果觉得听长语音太费时，就试试“语音转文字”功能。长按语音后点击“转文字”，就能明明白白看到对方说了什么。但如果对方说的是方言，这个功能可能就用不上了。

“语音转文字”功能还可以在发语音时派上用场。只需按照平时发语音的方法先说完事情，然后不要松手，直接向右上方滑动，即可生成文字。或者在聊天界面中点击右下方的“+”，选择“语音输入”，点击麦克风图标说话，你说的话就会变成文字，速度非常快。

用微信发语音时，不要松手，直接向右上方滑动，即可生成文字

但文字毕竟是机器生成的，可能会出现错别字，最好手动修改一下，以免造成误会。

四、取消语音发送

对老年人来说，微信聊天时，发语音要比发文字方便得多。不过，发语音消息时，常常会碰到说错话，想改又不知道怎么改，一松手就自动发出去，想要撤回但对方可能已经听到了的尴尬情况。

其实，在发语音过程中，手指不要放开，向上滑动即可取消发送。

五、文字转成语音

你在聊天时要是觉得看文字比较累，可以试试“关怀模式”里的“听文字消息”功能。无论手机是安卓系统还是苹果系统，只需将微信升级到最新版本，就能使用这项功能。

打开微信后，点击“我”，选择“设置”，找到并开启“关怀模式”。再次启动微信时，可调节“听文字消息”按钮到开启状态。接下来，当你再打开任何一个微信聊天界面，点一下文字，稍等片刻后就能听到语音播报，再点击一次文字消息，可以取消朗读。

六、转发语音消息

如何将微信语音消息转发给好友？这里介绍两种小技巧。

一种是通过微信收藏功能实现。长按需要转发的语音，点击“收藏”，进入收藏列表。点击刚刚收藏的语音消息，再点击右上角“…”，选择“转存为笔记”，然后就能发送给微信好友。

这个方法不仅能转发单条语音，还能多条发送，转发后还会显示来源信息。需要注意的是，一定要将语音消息存为笔记，好友接收后才能播放。但是，此方法只有安卓系统的微信能使用。

另外一种方法就是直接将语音转为文字，再截图或者复制后转发。

七、设置来电彩铃

过去，不少人都对来电铃声精挑细选，甚至还要包月去设置彩铃。如今，微信也推出了自定义铃声功能。

依次点击“我”“设置”“新消息通知”“来电铃声”，就能自定义来电铃声。设置好之后，当语音通话时，你和你的好友都能听到新设置的铃声。

除了为微信好友设置统一来电铃声外，还可以为特殊好友设置专属铃声，当对方呼叫你的时候，专属声音就会响起。

八、设置消息提示音

打开微信，依次点击“设置”—“新消息通知”—“消息提示音”，除了可以使用系统默认的提示音外，还能选择积木、可爱、空灵、俏皮等声音。

九、发送超长语音

一般来说，一条微信语音最长只有 60 秒。教你一个小技巧，轻松学会在微信中发长语音。

打开微信后，点击右下角的“我”，进入“收藏”页面，再点击右上角的“+”，打开“笔记”。点一下麦克风图标，就开始录音了，这是没有时间限制的。再点一下麦克风图标，完成录音，此时语音就被收藏了。

给笔记取一个标题后，点击右上角的“…”，即可发送给好友或者发送到朋友圈。

十、聊天时发送音乐

在好友或微信群的聊天窗口点击输入框右侧的“+”，滑到功能页第二页，选择“音乐”选项，点击后，可通过在线搜索歌手或歌名，发送给好友即可。

第五节 如何用微信听有声书

扫码看教学视频

你在用手机软件看文章时，会不会因为文字密密麻麻，看久了眼睛易疲劳？

微信推出了“朗读”功能，可以让读者用耳朵听文章、听书。这项阅读辅助功能，对于喜欢在手机上看长篇文章的读者来说是比较实用的，可以利用散步、吃饭、睡前等碎片化时间听书。

今天，我们来学一学如何用微信来听有声书的方法。

一、用微信听公众号文章

首先，我们需要将微信 App 更新到最新版本。

具体操作步骤是，打开手机微信，依次点击“我”“设置”“关于微信”“检查新版本”，即可检查当前版本是否为最新版本。如果不是，则按提示更新软件。

当我们用微信打开某篇推文时，点击页面右上角的“…”，可以看到页面下方弹出的菜单栏中出现“朗读”按键。点击“朗读”即可跳转到播放页面，该页面还提供了调节播放进度、设置倍速、转发、返回推文页面、打开播放列表等功能。

点击播放进度条右侧的“转发”图标，可将正在听的推文分享给好友或朋友圈，方便微信好友一键点播。

如果我们打开微信推文时，在文章作者信息栏下面出现“× 人听过”的标识，则表示已经有读者使用过“朗读”功能。点击耳机图标，即可进入朗读播放页面。

微信公众号的“朗读”功能藏在菜单里，不容易被发现，这会影响用户体验和参与度。而像潮新闻、今日头条等资讯类 App，当读者在阅读文章时，页面上方会出现耳机图标，点一下图标就能听新闻。

点击“朗读”按键，即可听文章

二、用微信听有声读物

打开微信，搜索“微信听书”，就能找到“微信听书”小程序。小程序首页提供了“发现”“订阅”“搜索”入口。

在“发现”页面，平台推荐了一批有声书、音频节目。点击专辑进入点播页面，可以看到该作品的简介、收听次数、订阅人数等信息，播放列表展示了每一集音频时长、上线时间等信息。点击标题，即可播放音频。当播完一集节目，会按顺序播放下一集音频。缩小窗口或退出听书页面，不会影响收听。

如果某一专辑有很多集节目，我们可在点播页面点击“订阅”，将该作品收藏起来，下

“微信听书”小程序主界面

次进入“微信听书”小程序后，直接点击右下角“订阅”按钮就能找到该作品，继续上次的听书进度，不用担心阅读进度的中断。

此外，我们还可以从各大应用商店下载微信听书 App，获得更加丰富的书库资源和阅读听书功能。无论你喜欢历史故事、名著小说，还是政治军事、曲艺杂谈等不同类型的作品，都能够在这个 App 中找到适合自己的音频内容。而且，有很多有声读物是免费的。

微信听书 App 播放界面

微信听书的 App 版与小程序版播放页面相比，增加了定时关闭、关闭背景音乐、AI 语音转文稿、点评留言等功能。特别是定时关闭功能，对于喜欢睡前听书的读者来说比较实用，不用担心听睡着了忘记关闭软件。而且，该软件在选集页面提供了下载功能，可以将音频文件下载到手机，此后在“收听”页面的“下载”栏目中找到已经下载的文件，可在户外收听此类文件而不消耗数据流量。

如果你对这类听书软件感兴趣，不妨下载体验一下，随时随地享受阅读乐趣吧。

第六节
微信群里“云团拜”自制表情送祝福

小牛大学毕业后在杭州工作，远在西安的父母担心女儿在外吃苦，几乎每天都要给她打电话，或在微信上询问工作和生活情况。

扫码看教学视频

虽然春节很想回家团圆，但考虑到疫情防控的需要，小牛跟父母商量后，决定虎年春节留在杭州。最近，她通过微信与远方的亲友们逐个视频通话，告诉他们自己的春节计划，并提前送上祝福。

说起微信聊天，老年朋友们一定都很熟悉，只要双方加了微信好友，不仅可以互发图文、音视频，还可以拨打语音、视频电话，连手机号码都不用记了。其实，微信还有一个很好用的视频群聊功能。过年时，一大家子在微信群里开个“云上团拜会”，也特别有仪式感。对老年人来说，哪怕孩子们在天南海北，不能聚在一起过年，但是在镜头里近若咫尺地看到大家，也会有满满的幸福感。

下面，我们就来学一学用微信进行视频通话的操作方法。

一、一对一音视频通话

一对一视频或语音通话的具体操作步骤是：（1）打开微信，进入微信聊天界面；（2）点击底部状态栏的“通讯录”，接着点击右上方的放大镜图标打开搜索框，搜索你要进行通话的联系人；（3）点击搜索到的联系人，在出现的对话框里点击右下角的“+”，再选择“视频通话”，接着会出现“视频通话”“语音通话”两个选项，选择其中一个，对方同意接受邀请后即可进行音 / 视频通话；（4）点击中间红色的“挂断”按钮，即可结束通话。

查找微信好友还有一种方法，就是打开“通讯录”后，在联系人名单中按顺序滑动查找，找到后点开联系人，会出现“发消息”“音视频通话”两个选项，点击“音视频通话”后选择其中一种，对方接听后即可进行音 / 视频通话。

【温馨提示】微信视频通话会消耗较多的流量，且需要一定的网速保证才不会卡顿，建议老年朋友在进行视频通话前，先确认自己的手机已经连接上无线网络，这样就可以放心地“煲电话粥”啦。

二、多人音视频通话

微信视频群聊，适合多人视频或语音聊天，如果是第一次组群通话，可以按以下步骤操作：（1）在微信主界面，点击右上角的“+”，在弹出的菜单中选择“发起群聊”；（2）在“发起群聊”页面搜索并选择多个联系人，或直接在已有的联系人名单中滑动查找，选择完毕，点击右下角的“完成”按钮，即组建了一个新的聊天群；（3）进入微信群聊界面，点击右下角的“+”，在弹出的聊天工具窗口点击“语音通话”选项；（4）在打开的“选择成员”页面中选择联系人，完成后点击右上角的“确定”按钮即可进行多人语音聊天。在多人语音聊天界面，点击右下角的摄像头图标即可进行视频通话。

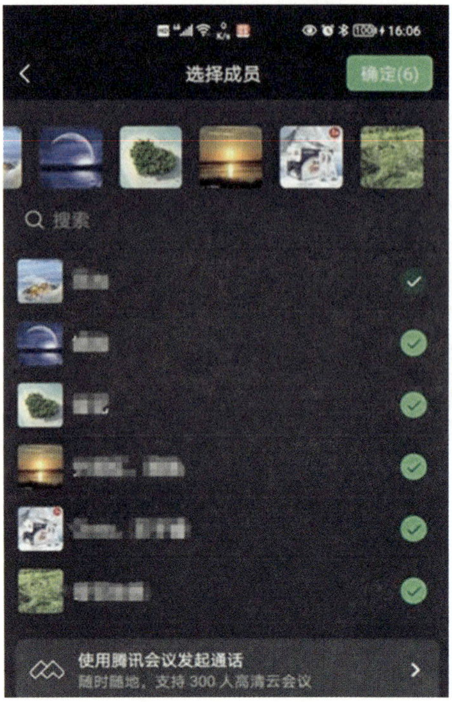

微信选择多人音视频通话

如果已经组建过“家族群”，则省去了以上建群的步骤，可以直接找到自己所在的群，然后点击右下角的“+”，在弹出的聊天工具窗口中点击“语音通话”选项，选择好联系人即可发起多人语音聊天，随后点击摄像头图标实现多人视频通话。

【温馨提示】在多人视频通话过程中，还可以添加新的联系人，目前微信最多能支持 15 人同时通话。

三、制作专属表情包

大家有没有这样的体验，有些话用文字不好表述，发送表情包不仅有趣，有时还能无意间化解尴尬，让聊天氛围更好。现在，我们一起来学一学如何用微信制作专属表情包。

具体步骤是:（1）打开任意一个好友的聊天界面，点击对话框右侧的笑脸图标;（2）点击小手图标,打开“拍自己的表情”页面,然后点击相机图标;（3）手机对准自己，选择一个特效，再按住下面的圆圈进行拍摄;（4）松开拍摄键后，上方出现视频并配上了字幕（拍摄时说的话），然后可对这个自拍表情进行编辑，第一个按钮可以去除拍摄背景，第二个按钮可以加快播放速度，第三个按钮可以在自定义表情上面添加其他表情，此外点击字幕还可以修改文字;（5）编辑完成之后，点击右下角“添加”按钮，表情会自动保存在表情收藏夹中，打开表情收藏夹，找到刚刚拍摄的自定义表情就可以发送给好友。

【温馨提示】平时在微信群或与好友聊天时，如发现一些不错的表情，可长按该表情，在弹出的窗口中点击“添加”即可收藏到表情包，方便以后聊天时随时调用。

第七节 怎样使用微信支付

前两天，72 岁的王大伯在儿子的指导下，通过微信小程序在某社区电商平台下单团购了一袋大米和一些蔬菜、水果。第二天下午，王大伯按照手机上的短信提示，在小区内的提货点完成提货。对王大伯来说，这次网购体验很新奇，只需点点微信，不仅能淘到“地板价”蔬果，还能享受货品次日送达。他表示，以后会经常光顾各类网购平台，货比三家后再下单。

扫码看教学视频

其实，王大伯以前是害怕用手机支付的，看着别人在商店购物时用“扫一扫”秒付，虽有些羡慕，但这钱一扫就被划走了，安全吗？万一手机丢了，钱会不会也丢了？其实，只要我们做好必要的设置，给微信支付加上“安全锁”，就不用太担心资金丢失问题。如果你还不会用微信支付，可以学习下面的操作教程。

一、给微信绑定银行卡

有人觉得，用微信红包里的钱也可以支付，何必绑定银行卡。确实可以支付，因为微信红包收到的钱会自动存到微信钱包里，不过这个钱包里的钱是有限的，如同我们随身携带的钱包。所以，要让微信钱包应对各种支付场景，最好的方法就是直接绑定银行卡。

绑定银行卡的操作步骤如下：（1）打开微信，点击右下角的“我”按钮；（2）在“我”的页面，点击“服务”，打开“钱包”；（3）在“钱包”页面，点击“银行卡”；（4）在“银行卡”页面，点击“添加银行卡”，输入6位支付密码以验证身份；（5）在“添加银行卡”页面，输入本人的银行卡号，点击“下一步”；（6）在填写银行卡信息页面，输入办卡时在银行预留的手机号码，然后点击“下一步”，此时，你的手机将会收到一条验证码短信；（7）在“验证手机号”页面，输入收到的验证码，点击“下一步”，银行卡便绑定完成了。微信钱包允许绑定多张银行卡，只需在“银行卡”页面再次点击“添加银行卡”，按以上步骤操作即可。完成后，在“钱包”页面点击“银行卡”，可查看所有绑定的银行卡。

微信安全锁

【温馨提示】我们可以给“钱包”增加一道安全保障。在“钱包”页面中，点击“安全保障”，然后点击“安全锁”，开启“指纹解锁”或“手势密码解锁”功能。这样每次使用微信“钱包”，都需要进行验证。

二、微信支付的应用场景

微信钱包绑定银行卡后，就相当于有了两个钱包：一个是存于微信账户的小钱包（微信零钱），另一个是存于银行的大钱包（银行卡）。微信支付时可自主选择使用微信零钱或银行卡支付。

微信支付的应用场景广泛，付账、收账、转账等均可使用。主要有以下应用场景。

（一）零钱充值。零钱充值是从银行卡向微信零钱包转账。具体操作步骤是:（1）在微信“钱包”页面,点击“零钱”;（2）在“零钱”页面,点击“充值”;（3）在“充值”页面，选择充值的银行卡（添加多张银行卡时），输入充值金额，点击“充值”，输入6位数字的支付密码后完成充值。如不放心，可查看充值明细。

（二）零钱提现。零钱提现是从零钱包取钱汇入银行卡，当零钱包内有钱时即可做此项操作。具体操作步骤是:（1）在“零钱”页面,点击“提现”;（2）在“零钱提现”页面，选择提现的银行卡（添加多张银行卡时），输入提现金额，点击“提现”;（3）在“请输入支付密码”界面，输入6位数字的支付密码;（4）在提现详情页面，可查看核对提现信息，点击“完成”。

【温馨提示】微信提现额度有限制，每人累计享有1000元免费提现额度，超出额度将按0.1%收取手续费。

（三）向商家付款。消费时，可通过微信付款，由收银员直接扫描条形码或二维码收款。在“服务”页面，点击“收付款”，进入“收付款”页面。首次启用时，按提示信息勾选同意事项后，点击“开启”并输入支付密码便可显示条形码和二维码，以供商家收银员扫描收款，也可更换用于付款的款项来源（银行卡或零钱）。

【温馨提示】每笔小于1000元的付款无须验证支付密码，大额支付需要验证密码。

（四）二维码收款。以扫描二维码方式向他人收取款项，不需要互为好友，方便陌生人之间进行转账操作，收到的钱将进入你的零钱包。

具体操作步骤是：（1）在“服务”页面，点击“收付款”；（2）在“收付款”页面，点击“二维码收款”；（3）在“二维码收款”页面，点击“设置金额”；（4）在“设置金额”页面，输入收款金额，点击“确定”；（5）由对方用微信“扫一扫”功能，扫描标明金额的二维码，完成收款。

值得注意的是，最近微信支付升级了亲属卡功能，用户可通过在微信上给父母、子女等开通（赠送）亲属卡，实现对方消费你代付。如何设置？在微信内依次点击“我”“服务”“钱包”“亲属卡”“赠送亲属卡”，即可设置留言和额度。

“赠送亲属卡”界面

第八节 五步学会支付宝功能设置

支付宝和微信一样，是我们生活中常用的手机软件。除了收付款，支付宝还能用来缴水电费、买火车票、刷医保等。使用支付宝要做哪些准备？今天，我们就来学一学支付宝的功能设置。

扫码看教学视频

一、注册账号

使用支付宝，需要注册一个独立的个人账号，这是开启支付宝支付应用的第一步。

注册账号的操作步骤是:（1）打开支付宝,进入“登录 / 注册”页面,点击“注册账号”;（2）在“手机号注册”页面输入手机号码,点击“注册”按键;（3）在“服务协议和隐私保护”页面，点击“同意并注册”按键;（4）输入收到的验证码，并按要求输入相关信息,即可完成手机注册。支付宝的账户名就是手机号码，如果已经用手机号注册，无须重复注册。

支付宝主界面

二、登录账号

支付宝设置了多种登录方式，最常用的登录方式是本机号码一键登录，也就是说，不需要输入密码或验证码，点击“一键登录”按键就直接登录了。另外还有“手机号 + 短信验证码登录”“手机号 + 密码登录”“刷脸登录”等方式，需要手动输入收到的验证码、登录密码，或将脸部放入系统轮廓里，根据系统提示，完成动作进行登录。

三、绑定银行卡

使用支付宝，一般需要绑定银行卡，方便购物或转账。目前，支付宝已提供“一键绑卡”功能，无须输入银行卡号也能完成绑定。

具体操作步骤是:（1）打开支付宝,点击右下角“我的”图标,再点击“银行卡”，进入“银行卡”界面;（2）支付宝提供了一批免输卡号的银行名单，选中银行,选择“储蓄卡”或者“信用卡”,点击“同意协议并下一步”按键，显示银行预留的相关信息，若有多张银行卡，则选择其中的一张，勾选同意授权选项，并点击“确定”按键;（3）输入接收到的短信验证码，点击“下一步”按键，完成银行卡的绑定。

按照以上绑定银行卡的操作步骤，我们还可以添加新的银行卡。如果开户银行不在“一键绑卡”银行名单中，则需手动输入本人的银行卡卡号，或者点击照相机图标扫描银行卡，系统会自动输入银行卡号。随后，点击“同意协议并绑卡”按键，输入接收到的短信验证码，点击“下一步”按键，即可完成银行卡的添加。

四、实名认证

支付宝的实名认证是一项身份识别服务，认证除了核实身份信息外，还核实了银行账户等信息。通俗地说，如果没有认证，既不能在账户里存钱，也不能使用余额转账或消费。一般有两种认证途径：身份证认证和银行卡认证，其中银行卡认证在起到“实名”作用的同时，也是用户提取现金的基础。

实名认证的操作步骤是：（1）打开支付宝，点击右下角“我的”图标，再点击左上角头像，进入“个人信息”界面，选择“实名认证”，打开“实名认证中心”界面；（2）如果已经进行实名认证会显示已认证，如果还没有进行实名认证，按提示进行认证，拍照上传身份证进行身份验证，系统会在24小时内完成审核，并将结果发送到注册的手机号上。

如果你的支付宝没有添加过银行卡，认证过程中还会要求添加并填写银行卡信息，完成核验后结束实名认证。

【温馨提示】在实名认证流程中，输入的姓名、身份证号码、银行卡号、手机号码等相关信息必须吻合，即均为同一人持有，否则可能导致实名认证失败。

五、安全设置

支付宝提供了多重安全设置，主要包括：支付密码、登录密码、解锁设置、生物识别等。老年朋友要特别注意，支付宝的登录密码和支付密码一定要分别设置，不能为了方便设置成同一个密码。以解锁设置为例，可以设置指纹或者手势解锁来保护自己的隐私。

具体操作步骤是：（1）打开支付宝，点击右下角“我的”图标；（2）点击右上角齿轮图标，打开“设置”页面；（3）选择“账号与安全”，打开“账号与安全”页面，选择“解锁设置”，打开“指纹 / 手势解锁”页面，这时我们可以选择“启动支付宝”或者“进入理财、我的”时使用指纹 / 手势解锁；（4）按需选择“指纹”或者“手势密码”，如果手机系统中还没有录入指纹，点击“去开通”按键，按要求录入指纹，然后回到“指纹 / 手势解锁”页面，设置解锁方式。

【温馨提示】一键登录功能，点击之后不需要登录密码就能直接登录，而且这个功能目前无法关闭。所以，支付宝的安全设置很重要，老年朋友应根据需要启用或关闭某些功能，以保护自己的“钱袋子”。（1）“登录密码”与“指纹 / 手势密码”共存，设置了指纹 / 手势密码，即使登录到支付宝，也无法查看和使用账户内的资产；（2）取消小额免密支付：以免购物时误操作直接付款，这样每次付款结算时不论金额大小，都需要输入支付密码。

第九节　微信、支付宝的生活缴费功能

最近，张大伯收到了国家电网发来的缴电费通知短信。这次他没有像以往那样跑到供电营业厅柜台办理业务，而是在女儿的指导下通过手机完成了缴费。

扫码看教学视频

其实，除了缴电费，我们还能通过手机足不出户办理其他缴费、查询等业务。今天，一起来了解微信、支付宝的生活缴费功能吧。

一、缴电费

用微信缴电费的具体操作步骤是：（1）打开微信，点击页面右下角的“我”，再点击“服务”进入服务页面；（2）选择“生活服务”栏目中的“生活缴费”，打开生活缴费页面；（3）首次使用微信缴电费时需要新增缴费户号，在“新增缴费”栏目中选择“电费”，选择相应地区的缴费单位；（4）输入

电费通知短信上的缴费户号，填写分组信息，勾选同意服务协议复选框，然后点击“下一步”按钮，显示应缴金额、余额等信息；（5）如果有欠费，则输入缴费金额，点击“立即缴费”按钮，输入微信支付密码，即可完成电费缴费。

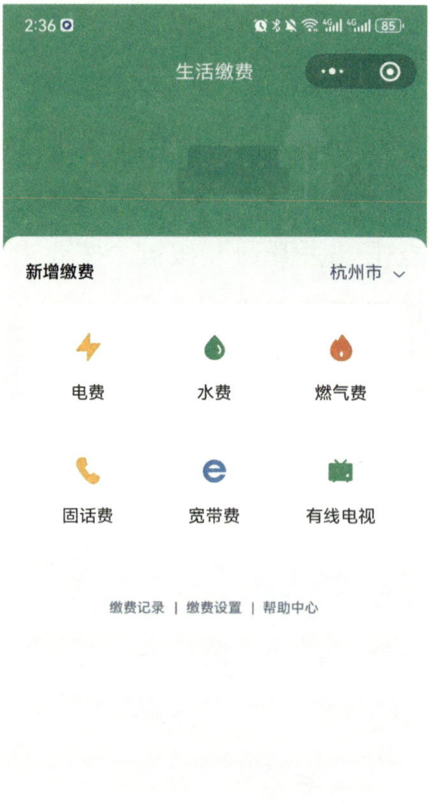

微信的生活缴费界面

【温馨提示】如果已经添加过缴费户号，在“我的缴费”栏目，点击电费对应的户号即可查询账单详情，按提示完成缴费。缴费前请一定确认好户号信息等内容，以免缴错而带来不必要的损失。目前，居民用电基本上是先用电后缴费的，所以得记得每月在期限内足额缴纳电费。

首次使用支付宝缴电费，需要添加缴费户号。

具体操作步骤是：（1）打开支付宝主界面，点击“生活缴费”图标，进入“生活缴费”页面；（2）点击“电费”图标，打开“电费”页面；（3）选择所在城市、缴费单位，然后输入户号、分组名称，勾选同意协议选项，点击“下一步”按键，这样就完成了户号的添加。

此时会显示电费应缴金额、户号信息等内容，输入缴费金额，即可缴费。

国家电网网上营业厅界面

如果已经添加过缴费户号，打开支付宝进入“生活缴费”页面时，会在“我的缴费”页看到电费账户，点击“电费”图标，打开“缴费账单”页面，可以查询到电费信息。若有欠费，则输入相应的电费缴费金额，点击“立即缴费”，即可完成电费缴纳。

我们还可以通过支付宝查询每月用电、近期用电情况。

具体操作步骤是：（1）打开支付宝，点击“生活缴费”，进入“生活缴费”页面；（2）点击“电费”图标，打开“缴费账单”页面，将页面拉到底；（3）点击“网上营业厅”项目右侧的“进入”图标，进入“国网浙江省电力有限公司”页面，我们可以查询到每月、每日的用电情况。如有疑问，还可以在线找客服咨询解决问题。

二、缴水费

我们还可以用微信来缴水费，不过首先要确认自己家是不是“一户一表”。如果是“二次供水”的高层住户，由小区物业收取水费的，一般不能直接在微信上缴水费；如果是由供水企业抄表到户的，则可在微信上缴水费。

按照“我—服务—生活缴费—水费—选择水费的缴费单位—输入缴费户号—设置分组—勾选同意服务协议—输入金额—立即缴费”这样的操作步骤，即可查询水费并完成缴费。一般两个月出一次水费账单，按要求在期限内足额缴纳水费即可。

三、缴燃气费

缴燃气费的操作比缴水电费复杂，如果当地燃气公司没有实现智能化远程抄表的话，就需要用户自助抄表或在工作人员上门抄表后再结算。

以杭州市主城区管道燃气自助抄表缴费为例，首先需要通过微信关注“杭州燃气”公众号。操作步骤是：（1）打开微信，点击右上角的放大镜按钮打开搜索栏；（2）在搜索栏输入“杭州燃气”，搜索到“杭州燃气”公众号后，点击关注；（3）在最底下的“走进杭燃”菜单中打开“19 服务厅”，选择所在区域的服务机构，即可进入杭州燃气的服务页面。

“自助抄表”的具体步骤是：（1）在杭州燃气服务页面点击“自助抄表”菜单，进入“选择业务地址”界面，选择需要抄表的地址（首次使用时，可以点击“绑定新地址”按钮添加地址）；（2）按照界面提示输入燃气表上的示数，并通过点击拍照按钮进入拍照界面，确认输入的表上示数与拍摄照片上显示的有效位数字完全一致后，点击“提交”按钮。这时，系统就会自动上传抄表数据，生成燃气账单，并跳转到账单详情与缴费界面；（3）查看账单金额，并点击“立即缴费”按钮，缴纳燃气费用。

【温馨提示】对自助抄表操作有困难的老年家庭来说，可由工作人员上门抄表后在微信上支付，按“服务—生活缴费—燃气费—选择缴费单位—输入缴费户号—勾选同意服务协议—输入金额—立即缴费”的操作步骤完成燃气费的缴纳。

四、给手机充值

给手机充值的具体操作步骤是：（1）打开微信，点击右下角的“我”，进入服务页面；（2）选择“生活服务”中的“手机充值”；（3）进入手机充值页面后，一般会自动显示本机号码，选择要充值的金额，会弹出确认页面，检查手机号码无误后，点击“确认充值”；（4）选择合适的支付方式，按提示完成支付后即可为手机充值。

第十节 如何清理微信、抖音垃圾

扫码看教学视频

不少老年朋友反映，在使用智能手机时，会不经意间下载安装各种应用软件，但是很多软件是长期不使用的。而且，每天用微信聊天刷朋友圈、用抖音刷短视频看直播，久而久之明显感觉手机反应变慢。

为什么微信、抖音会成为“吃”内存大户？那是因为用微信聊天、刷朋友圈，用抖音刷视频，打开的图片、视频都会缓存到自己的手机上，这样长年累月下来，占用的手机空间就会越来越大。

如何清理手机上没用的“垃圾”？今天，我们来学一学删除手机上不常用软件以及清理微信、抖音垃圾的方法。

一、如何删除不使用的软件

删除手机软件，主要有两种方法，第一种最简单易操作的方法，是在手机桌面上长按软件图标，在弹出的窗口中点击卸载。不过，这个方法可能有个弊端，就是软件虽然被删除了，但是软件在使用过程中产生的数据文件还会残留在手机上而无法被彻底清除。

长按软件图标，可卸载手机软件

怎样才能彻底清除软件？可以尝试第二种方法。打开手机设置，找到“应用”选项，随后进入“应用管理”，会看到手机上已经安装的各种软件。点击某个软件，进入“应用信息”界面。此时，我们不要急着直接点击卸载，要先把它的数据和缓存清理掉。操作方法是，先点击“存储”，随后删除数据清理缓存，再返回卸载软件。经过这番操作，一般就能彻底清除软件了。

二、如何清理微信、抖音垃圾

首先，我们可以关闭视频文件自动下载功能。操作步骤是：打开微信App，点击右下角的“我”，进入“设置”选项，在设置页面点击“通用”选项，然后点击“照片、视频、文件和通话”，关闭“自动下载”选项即可。

其次，我们要养成定期清理微信存储空间的习惯。打开微信App，按照“我—设置—通用—存储空间”的步骤，进入“存储空间”页面。经过计算后，该页面显示微信已用空间、手机剩余可用空间的数据。其中，缓存是我们在使用微信过程中产生的临时数据，清理之后不会影响微信的正常使用。在“聊天记录”中，可清理所选的图片、视频和文件，也可以删除所选的聊天记录。

我们还可以使用手机管家来深度清理微信图片、视频、文件、语音，释放更多手机空间。

给抖音“瘦身”主要有两种方法，第一种方法是通过抖音设置清理空间。打开抖音 App，点击右下角的“我”，再点击右上方的“≡”图标，进入“设置”，将屏幕滑动到最后，点击“清理占用空间”，经过计算后，页面显示临时文件、资源文件等占用的空间大小。点击“清空”按钮，即可清理抖音运行时产生的缓存、下载到本地的资源文件等，清空不会影响抖音 App 的正常使用。

第二种方法是通过手机设置中的应用管理来清除数据。打开手机设置，选择“应用”，进入“应用管理”，找到并打开抖音软件，进入“存储”选项，此时你会发现，该应用的数据和缓存文件所占用的空间，比抖音自检出的“垃圾”要大得多。点击“删除数据”，垃圾文件就被清空了。

需要注意的是，微信不同于抖音，有些聊天记录是需要保存的，如果通过手机设置来清除微信数据的话，会删除包括聊天记录在内的所有数据，需谨慎操作，建议使用手机管家来选择性删除没用的资料。

在微信存储空间，可查看已用空间情况，进行清理缓存、聊天记录等操作

进入手机设置的“存储”选项，可清理数据，或清理后卸载软件，这样可以彻底清除软件残留文件

3

第三章

健康医保篇

第一节
如何用手机预约挂号

许多老年朋友去医院窗口挂号，不是挂不到专家号，就是挂到号了还不能随到随看，得等上好几个小时。其实，我们可以先在家里用手机预约挂号，挑选好擅长领域对口的医生，确定好就诊时间，再按预约时间到医院取号，这样就会比较从容。

扫码看教学视频

今天向大家介绍通过微信、支付宝预约挂号的方法。其中，微信预约挂号有不少入口，一是省卫生健康委授权的第三方微信公众号或小程序，二是医院的官方公众号，三是微信“生活服务”页面。

一、全省挂号平台预约挂号

第一种是通过“浙江健康导航”这个官方授权的全省挂号平台完成预约挂号。首次使用时，要先建立就诊人信息，以后预约挂号时就可直接选择就诊人。

操作步骤是：(1) 打开微信，点击右上角的放大镜图标；(2) 在打开的搜索栏输入并搜索“浙江健康导航”小程序，打开进入浙江预约挂号平台；(3)点击“我的就诊人管理”图标，打开登录界面，勾选“同意”事项，并选择“用户一键登录”；(4) 输入手机号码，输入收到的验证码，点击“下一步”；(5) 如果系统检

“浙江健康导航”预约挂号界面

测到手机号码关联的用户，则需确认身份信息，按要求输入证件号码，选择“确认并登录”，这样就完成了本人信息的添加；(6)添加其他就诊人。在“就诊人管理”页面，点击“添加就诊人”，按要求输入姓名、身份证号、手机号等信息，点击保存即可添加。

以上准备工作做好后，就可以开始预约挂号。操作步骤是：(1)在“浙江健康导航”预约挂号平台页面点击去挂号图标，打开“挂号”页面，在下拉菜单中对就诊地区、医院按条件进行筛选排序；(2)选中要就诊的医院，打开医院主页；(3)选择院区，点击“预约挂号”按钮，打开“选择科室”页面；(4)选择要就诊的科室，打开“选择医生”页面，选择有号源的日期，显示坐诊医生列表；(5)选择医生，进入“医生主页”，可查看医生的擅长领域、号源信息；(6)点击“总 ×× 剩 ××”的号源信息框，显示可挂号的时间、就诊号、挂号费信息，选择合适的时间段后点击“确定”按钮；(7)确认“就诊人”，按提示输入验证码，点击“提交预约”按钮，完成挂号。此时会收到短信提醒，里面有取号密码，也可点击“查看预约详情”按钮，查看取号密码、就诊时间等详细信息。

【温馨提示】携带身份证或医保卡等有效证件，在预约时间前到医院取号就诊。如有特殊情况不能前往就诊，需在规定时间取消预约。可在该预约挂号平台查询到预约详情后点击“取消预约”按钮，选择取消原因后确认取消。

二、医院微信公众号预约挂号

一般来说，医院会在官方微信公众号上开设预约挂号通道。以“浙大一院”为例，具体操作步骤是：(1)打开微信，在搜索栏输入“浙大一院”，搜索到“浙江大学附属第一医院”；(2)点击“挂号”图标，选择服务提供方，允许医院获取个人微信昵称和头像信息；(3)查看医院“预约挂号须知”，勾选同意规则后点击“预约挂号”按钮；(4)选择预约院区后打开“科室选择”页面，选择科室，打开“专家选择”页面；(5)按就诊时间选择普通门诊或专家号，根据号源信息选择号源时段，进入“确认信息”页面；(6)首次挂号时需添加就诊人，按要求输入姓名、身份证、手机号等信息后，选择“确认预约”按钮，完成挂号。

【温馨提示】每个医院的微信预约挂号流程可能略有差异，不过大体上都是按“选院区—选科室—选日期—选医生”这样的流程操作。

三、微信“生活服务”预约挂号

微信本身也提供了预约挂号的入口，具体操作步骤是:（1）打开微信，点击右下角“我”图标，再点击“服务”进入服务页面;（2）点击“生活服务”栏目中的“医疗健康”，打开“腾讯健康”页面;（3）点击“挂号”图标，打开“预约挂号”页面，按地区直接选择医院，也可以按科室/疾病挂号;（4）如果按科室/疾病挂号，打开页面后选择相关科室，根据搜索到的名单选择合适的医院，按选择科室、选择日期、选择医生、选择预约时间段的顺序，进入“确认预约”页面。首次使用时需添加就诊人信息，按照要求填入姓名、身份证等信息后，点击“确认添加”按钮，完成就诊人信息添加，随后即可点击“确定预约”按钮完成预约。

【温馨提示】“腾讯健康”挂号平台提供了“智能导诊”服务，可以让人工智能根据你描述的症状推荐合适的科室。

四、支付宝预约挂号

支付宝提供了多个预约挂号的小程序入口，如通过搜索栏、“市民中心”“医保”都能够找到预约挂号链接。

以直接搜索为例，具体操作步骤是:（1）打开支付宝，在上方的搜索栏输入“预约挂号”，点击搜索，会搜索到多个预约挂号的小程序;（2）选择省卫生健康委官方授权的“浙江预约挂号”小程序;（3）点击“去挂号”图标，打开“挂号”页面，可以按城市、按条件等进行筛选排序;（4）选择医院，打开医院主页，如有多个院区，则在选择院区后点击“预约挂号”按键，打开“选择科室”页面;（5）选择要挂号的科室，打开“选择医生”页面，然后选择有号源的日期和医生，打开“医生”主页;（6）根据号源信息选择就诊时间，打开“预约信息”页面;（7）核对就诊科室、就诊时间、就诊人信息、验证码后，即可提交预约。此时还可以添加新的就诊人，按提示输入姓名、身份证号、手机号等信息，保存后即添加了新的就诊人;（8）提交预约后，会显示“挂号成功”信息，点击“查看预约详情”，即可获取取号密码、就诊科室、就诊时间、就诊号等挂号详情。此时，还会收到成功预约挂号的短信提醒。

五、申领电子医保卡

去社区卫生服务中心配药，可是忘带医保卡怎么办？别急，只需在支付宝上申领一张电子医保卡，即可扫码挂号、就诊。

申领电子医保卡的具体操作步骤是：（1）打开支付宝，点击右上角的“卡包”图标，打开“卡包”页面;（2）点击“证件”，显示全部证件，拉动页面，点击“医保码”图标，打开医保页面;（3）勾选同意协议选项，点击“刷脸激活”按键，按要求进行身份验证，验证成功后即绑定了医保电子凭证。

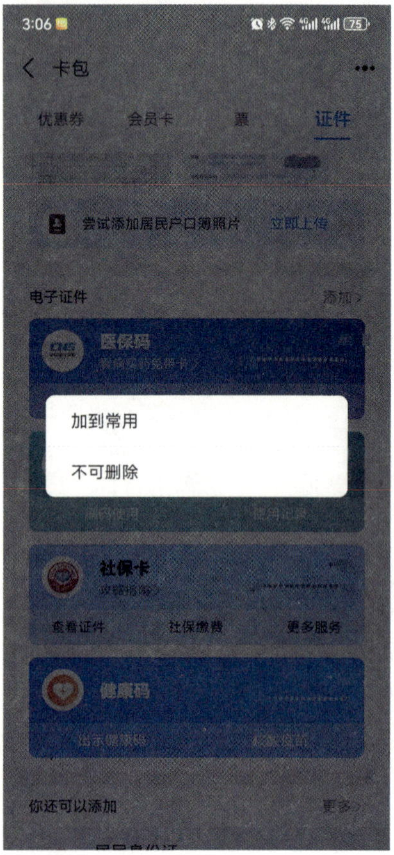

在支付宝“证件”页卡，长按“医保电子凭证”，即可将其添加到“卡包”首页

此时，在“证件”页中，就可以查询到绑定了身份证号码的“医保码”了。长按“医保码”图标，选择“加到常用”选项，即可将其添加到“卡包”的“常用卡证”里，以后每次打开“卡包”时，就能很容易找到“医保码”。用医保码，可在药店用医保购药，在医院用医保挂号、支付医药费，还可以查询到个人参保、医保缴费、医保个人账户等信息。

【温馨提示】目前，支付宝已在部分地区的“医保电子凭证”页面嵌入“医保网上买药”功能，参保人点点手机就可实现“网上下单买药、医保线上支付、快递配送到家”，不跑药店也能享受医保结算。

第二节
如何用手机查看步数

“饭后百步走，能活九十九”，很多老年人会在饭后休息半小时再外出散步，以达到健身养生目的。老年人每天走多少步比较适宜？有研究者建议，每天最好走 6000 步至 8000 步。那么，用什么方法来计量每天的步数呢？今天，我们来学一学通过手机查看步数的方法。

扫码看教学视频

一、用微信、支付宝记步数

通过微信和支付宝内置的“运动”应用，都可以查看自己每天的行走步数，也可以与其他好友 PK 步数或点赞运动量。

微信或支付宝的计步原理是依靠手机内置的振动传感器或辅助处理器，通过手机重心的移动实现计数。当我们行走时，手机的角度会发生改变，陀螺仪检测到恒定且规则的角度偏差时，手机就会判断用户正在行走并计数。

不同软件显示的步数效果

开启微信运动的方法是，打开微信 App 主界面，在搜索栏搜索“微信运动”，进入微信运动界面后，点击最下方按钮启用该应用。也可在打开微信 App 主界面后，依次点击“我”“设置”“通用”“辅助功能”，开启微信运动。

此后，打开微信 App 主界面，滑动消息列表，找到“微信运动”，进入“步数排行榜”，即可查看自己及好友当天的步数。点亮好友步数右侧的红心图标，即可给好友点赞。点击头像，还能按日期查询自己或好友某一天的步数。

微信运动步数排行榜界面

我们还可在微信列表中长按“微信运动”，在弹出的菜单中选择“置顶公众号”，将“微信运动”置于页面顶端，方便自己快捷打开“微信运动”。

开通“微信运动”，微信好友就能看见你每天的步数，这本质上是晒朋友圈的一种方式，也是与微信好友互动的一种方法。在微信运动步数排行榜，排名第一的人可以定义好友微信运动界面的背景图。

除了微信运动，支付宝平台也提供了运动记步数功能。进入支付宝 App 主界面，在功能区点击“更多”图标进入“应用中心”界面，向上滑动屏幕，在“教育公益”栏目点击进入“运动”界面。

支付宝运动主界面

点击该页面右上方的“…”图标，进入“设置”界面，按需开启记录运动数据、每日步数提醒、向好友显示步数等开关，就能在“支付宝运动”界面显示步数了。

二、用运动软件记步数

不管用微信还是支付宝记录步数，都需要进入应用后才能看到结果。有没有一款软件可以直接在屏幕上显示步数呢？答案是肯定的。

以安卓系统为例，像华为、荣耀、小米等不同品牌的手机，都有相应的运动健康软件，能够记录和分析运动/健康数据、连接和管理运动健康设备、为用户提供丰富的内容/服务。其中，最基础的功能就是记步数。

如果你的手机上没有运动健康软件，可以从应用市场搜索关键词“运动健康”，在列表中下载安装相应软件。一般来说，可以直接选择相应品牌的或者下载次数多的运动软件。

要让手机运动健康软件在屏幕显示步数，需开启实时推送步数的通知功能。比如，华为设备可在应用市场下载安装华为运动健康 App，首次进入该应用时，可按系统提示分别开启实时推送步数开关、允许该 App 检测用户步数。此时，手机已具备实时记录步数功能。

第三节 如何做自己的“健康管家”

70 多岁的季大伯每年都要参加体检，但之后总会忘记纸质体检报告放哪儿了。社区医生教他一招——通过“浙里办”App 可以查询“健康画像”。这里不仅有他的历年体检报告，还有他在省内医院就诊、检查的各种记录。

扫码看教学视频

目前，“浙里办”App 上开设的“健康医保”专区，已集纳居民电子健康卡、互联网医院等 40 余个场景应用。通过“浙里办”App 首页“便民服务”专区，点击“健康医保”即可进入页面。

老年人可把“健康医保”作为直达各种健康服务应用的总入口，享受其中的就医、医保、卫生健康、献血用血、医护服务等多项服务。下面，我们一起来了解如何通过“健康医保”应用获得便捷的医疗服务。

一、就医服务

“健康医保”应用在首页最上方关联“健康医保卡”，已注册“浙里办”App账号的用户，可通过登录账号，刷脸认证后关联自己的“电子社保卡”或“医保电子凭证”。有了这张电子医保卡，日常就医时就可以不用带实体医保卡，只需点击“扫码就医”，即可挂号或支付。

“就医”服务专区针对就医前、就医中、就医后的场景提供各种医疗服务。

“健康医保”应用针对就医前、就医中、就医后的场景提供各种医疗服务

如果就医前不知道挂哪个科室，可通过“智能导诊”，向机器人描述自己或他人的主要症状，系统会告诉你可以挂哪些科室，可以去哪些医院就诊。

确定要挂什么科室后，你可以点击“预约挂号”图标，进入“浙江预约挂号”平台进行挂号。首次使用时，需添加就诊人信息。此后，可按城市找到医院，进入医院预约挂号平台，选择科室、医生，根据号源情况挂号。

就医当天，可以通过“在线取号”功能，选择医院进行取号，凭取号记录即可直接前往诊室就医，无须在自助机前排队取号，还可通过查看已取号源记录，预估就诊时间。

平台还设置“排队叫号”功能，可通过医院、科室查看当前叫号情况，做到心中有数。需要注意的是，实际顺序要以医院为准。

除了到医院就诊，还可以通过“就医服务”专区的“互联网医院”在线咨询医生、在线复诊。

“浙里办” App 还试运营几项新功能，包括 “报告查询” 和 “电子处方”。目前，我省部分医院已开放检验检查电子报告查询功能，点击 “报告查询” 即可查询 6 个月内的门诊报告，一般不含住院、体检报告。此外，还可以通过 “电子处方” 入口，查询省级医院线上线下处方信息。

如果医生已开过检查单，你还可以通过 “检查预约” 功能，在手机上一键获取检查项目、检查须知、检查排班，一站完成分时预约和临时改约。

二、卫生健康服务

如何了解自己的电子健康档案，开展自我健康管理？可通过 “卫生健康” 专区的 “浙里健康 e 生”，授权同意后进入综合服务平台。系统会自动读取用户的个人健康信息进行 “健康画像”，其中包括社区建档情况、健康记录等。

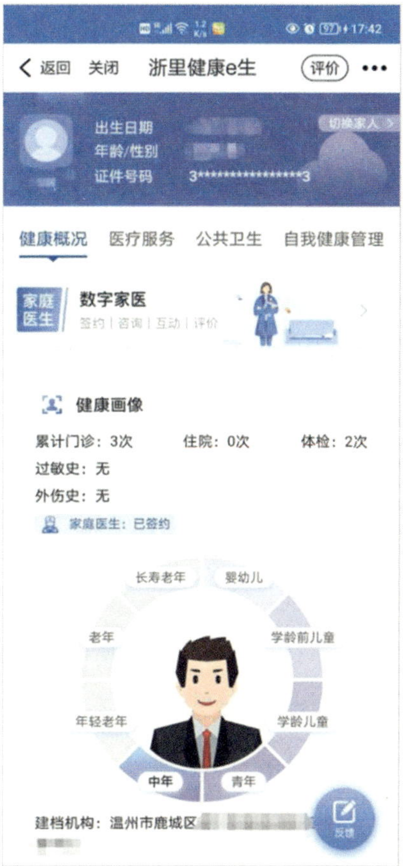

通过 “浙里健康 e 生” 应用，可以查询个人健康档案

平台上能查到历年体检报告吗？进入 “医疗服务” 页面，即可查看到 2021 年以来的门诊病历、门诊处方、检查报告、体检报告。点击 “开放医院列表”，可查询到哪些医院已开放这些数据。

进入 “自我健康管理” 页面，还可以通过 “授权口令” 授权医生诊间调阅你的健康档案。举个例子，钱女士到省内其他城市照顾坐月子的女儿，患有高血压的她发现降压药快见底了。如果她是首次到当地社区配药，会因为没有配药记录带来麻烦。这时，她可以通过 “浙里健康 e 生” 中的 “自我健康管理” 页面，将授权口令告知医生，医生即可在电脑上调阅患者在全省医疗机构的病历信息。

也就是说，这个功能实现了医疗机构间数据互认，避免重复检查，为患者省时省钱，同时能够帮助医生全面了解病人情况，更好地进行诊疗。有人担心个人信息会被泄露，其实，“浙里健康 e 生”特别注重对个人敏感信息的保护，所有信息需要患者输入授权码表示同意，医生才可以调阅。

第四节 如何使用“浙里医保”功能

最近，在志愿者的帮助下，生活在杭州某养老院 86 岁的陈奶奶终于查清了自己的医保账户资金。

扫码看教学视频

除了拿着社保卡去医院就诊、去医保定点药店买药外，很多经常需要配药的患有慢病的老年人并不知道，没带社保卡时可以用医保码看病买药，更不清楚自己医保账户里有多少钱进进出出。

那么，有什么方法可以查询到个人医保账户的缴费记录和消费记录？退休后长期异地居住，能不能在手机上办理异地就诊手续，享受直接刷市民卡的便利？今天，我们以支付宝和“浙里办”App 为例，介绍“浙里医保”的常用功能。

一、查询个人参保信息

首先，要在手机上下载安装支付宝或“浙里办”App，并用手机号登录。如果没有账号，可按要求用手机注册。

打开支付宝或“浙里办”，在搜索栏输入“浙里医保”，就能进入浙江省智慧医保服务平台。该页面主要包括搜索栏、医保电子凭证、费用报销、医保账户查询，以及定点医院、定点药店查询等功能。该页面还将医保码、医保账户和大字版模式做成图标，方便用户快速调取。

接下去，就可以利用“浙里医保”提供的功能，查询、办理个人医保事务了。

点击“医保账户”图标，即可查询当前个人账户余额、参保状态、月缴费总额、月缴费基数等信息。

点击“缴费记录”，选择缴费月份，即可查询该月医保具体缴费情况。点击“消费记录”，还可以查询个人看病购药的支出费用明细，详细了解个人账户和基金支付情况。通过选择“时间区间”，可以个性化查询特定时间段的消费记录。

“浙里医保”还推出大字版模式，点击进入事项类别即可办理相应医保经办服务。

通过支付宝或“浙里办”App 搜索“浙里医保”，都能进入浙江省智慧医保服务平台

二、在线办理报销手续

除了查询功能外，“浙里医保”还提供异地门诊、住院费用在线报销渠道，省去线下到医保窗口办理的麻烦。

参保人员因急诊、系统原因及因故需到统筹区外学习、工作或居住的，在异地医保定点医疗机构发生的门诊或住院医疗费由个人垫付的情形，可通过支付宝或“浙里办”进入“浙里医保”，在“我要报销”菜单项点击“门诊费用报销”或“住院费用报销”，按提示完成在线填表、上传材料等操作，点击提交后，即可在法定办结时日内完成报销。

“浙里医保”的“我要报销”模块，还针对各类恶性肿瘤等规定病提供了“医疗救助对象报销”功能，在定点医疗机构就医，发生的符合规定病种目录的门诊医疗费用，可视作住院医疗费用结算（不设起付标准）。

三、在线办理备案手续

长期在外地居住，怎么办理异地就诊备案手续？以杭州为例，对于退休后长住外地3个月及以上的老年人，可按规定自助开通或取消长住外地备案手续。在“浙里医保”页面的“我要备案”模块点击“异地长居人员”，进入办事页面，按要求填写前往城市、起止日期等材料后，即可在线办理。

备案成功后，可在备案的就医地已开通跨省异地直接结算的定点医疗机构直接结算医疗费（不下浮自理比例）。同时，长住外地人员临时回杭看病，无须再办理临时回杭备案手续，可以直接在定点医药机构按规定进行医保就医结算。

因疾病需要转外地治疗的，由统筹区定点医疗机构提出转外诊治建议，可使用“转外就医”功能按规定报备后，在省外相应定点医疗机构就医并按规定结算（不下浮自理比例）。如果不能直接刷卡结算的，先由个人全额垫付后至辖区医保经办机构按规定结算。

参保人员退休后在异地定居并且户籍迁入定居地的，需到当地医保定点医疗机构就医的，可通过“我要备案”模块的“异地安置退休人员”，按要求提交备案材料。完成备案手续后，只要携带社保卡就可以在就医地开通的跨省定点医疗机构实现住院费用直接结算。

四、申领调取医保码

如果你在就医购药时忘带社保卡，可通过支付宝或“浙里办”App进入“浙里医保”页面后申领一张医保电子凭证。

点击“医保码”图标，进行个人人脸认证、确认授权等操作后，即可激活生成个人医保电子凭证。

此后，我们可以通过支付宝或“浙里办”App首页的“卡包”图标，找到医保电

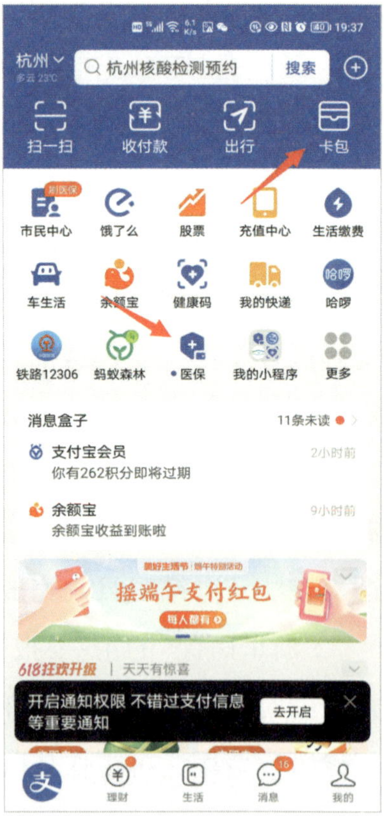

将“医保”图标添加或替换到首页

子凭证。点击支付宝首页“更多”图标，可将“医保”图标添加或替换到首页。以后只要打开支付宝首页，即可快速打开医保码。

第五节 如何使用“互联网医院”

什么是“互联网医院”？它与传统医疗服务相比，有哪些优势？如何在手机上使用“互联网医院”？下面，我们一起来了解“互联网医院”的应用场景。

一、什么是“互联网医院”

“互联网医院”是指以实体医院为依托，应用互联网等信息技术拓展医疗服务空间和内容，以专家咨询和在线问诊为主，集问诊、处方、支付以及药物配送为一体的一站式服务平台。

浙江省互联网医院平台首页

比如，慢性病、常见病患者需要经常到医院复诊、开药。按照传统就医方式，他们需要提前预约挂号，甚至要排长队等候就医，而通过“互联网医院”复诊就医，就不用去医院，只需通过文字、电话、视频等方式就诊。医生在线查阅病历，了解患者病史及相关情况后，开具电子处方，经药师审核后，通过在线订单方式，将药品快递到患者手中。

浙江省互联网医院平台于 2019 年 1 月 22 日正式上线支付宝，2019 年 7 月上线“浙里办”App，是全国首个“服务 + 监管”为一体的互联网医院平台。作为全省互联网医院、互联网诊疗服务总入口，该平台为患者提供省内互联网诊疗服务机构的线上问诊、线下护理等服务。

二、使用“浙江省互联网医院”

打开支付宝、微信、“浙里办”App，搜索“互联网医院”，都可以进入由浙江省卫生健康委主办的“互联网医院”页面。平台提供了“专家咨询”“在线问诊”“浙里护理”等常用功能，点击“信息公示”图标，还能查询到已入驻浙江省互联网医院平台的医疗服务机构名单及其开设的服务项目，或通过电话咨询。

患有慢性病、常见病等需要经常复诊、开药的患者，可通过“在线问诊”或“专家咨询”足不出户看病，获得医疗处方，等待药品配送到家或选择到医院、附近药店取药。

点击“在线问诊”或“专家咨询”图标进入医生列表页面，这里显示了

通过“在线问诊”，可足不出户看病开药

“浙里护理”，送专业护理服务到家

提供在线问诊服务的医生名单，及其所在医院、擅长领域等信息。按需选择医院、科室，点击进入医生页面，即可了解医生信息、问诊量、出诊时间、服务内容、患者评价等详情。

如需复诊开药，可点击“在线问诊”，绑定就诊卡，按要求描述病情，上传化验单、检查资料等疾病描述相关资料，支付订单后，开始问诊。

需要注意的是，提交并支付费用后，医生会在24小时内回复，如医生未回复，系统会在7个工作日内自动退款到你的账户。此外，在线开药仅支持病情稳定且已确诊的慢性病患者，危重症患者请到医院就医。

三、使用医院自建的互联网医院

许多由医院自主建设的“互联网医院”，功能丰富、智慧程度高，体验感好，有的集网络门诊、病例查询、门诊预约、院内停车等全病程管理于一体，有的还会在患者就医取药后提供智能用药提醒……

以温州医科大学附属第一医院（简称温医大附一院）为例，其自主研发的“就医一件事”应用，获评浙江省人工智能典型案例。作为浙江省智慧医疗工程技术研究中心，温医大附一院历经30余年探索，已从最初的信息化辅助管理步入智慧医疗时代，构建“诊前精准预约、诊中便捷就诊、诊后科学诊疗”一体化、智能化、个性化就医服务体系。

一般来说，进入医院官方微信公众号后，可以从菜单栏进入互联网医院。依次选择专科、医生，填写病情描述，选择快递或自提方式并填写相关信息后，就可以开始问诊了。

一些老年人从医院配好药，回家后却记不住用药时间，或因药品品种太多而漏用、错用……针对这些用药“痛点”，浙江大学医学院附属邵逸夫医院在互联网医院推出“智慧药师”功能，根据患者处方情况，在相应用药时间，向患者推送“用药提醒”。针对不识字或者视力不好的老年人，“智慧药师”还有“语音播报”功能，患者可收听该药品用法用量和注意事项等语音信息。患者每次用药后，可以点击“确认用药”以记录用药时间，避免漏用或重复用药。

第六节 医保卡里的钱如何给家人用

李先生的女儿因龋齿要做根管治疗并戴牙冠，需要支付数千元诊疗费用。熟悉医保家庭共济政策的他，通过支付宝 App 从自己医保账户中划转了部分资金到女儿账户进行结算。李先生平时较少就医，他还将个人医保账户里的钱“共享”给父母来看病买药。

扫码看教学视频

如何办理医保家庭共济？有哪些注意事项？今天，我们来说个明白。

一、什么是“医保家庭共济”

所谓医保家庭共济，是指职工基本医疗保险参保人（含职工和退休人员），可以“授权”的方式将个人账户资金提供给近亲属（包括配偶、子女和父母）使用。简单来说，就是个人医保账户里的钱，可以和家人一起使用。

目前，浙江已实现“家庭共济”全省通办。这意味着职工基本医疗保险参保人员的个人账户历年结余资金通过“家庭共济备案”，可用于直接支付省内同一统筹区参加基本医疗保险的本人近亲属的医疗保障费用。而且，不用回户籍地，不用跑部门，不用准备各种材料，在手机上就能办理。

二、办理“家庭共济”

打开支付宝 App，在搜索栏搜索“医保”或点击功能区的“医保”图标，进入“医保”界面，找到“医保家庭共济”。

第一步，进入人脸验证页面勾选服务协议后，点击“开始验证”。

第二步，选择办理类型为“家庭共济”，点击“确定”。进入“在线填表”界面，选择参保统筹区，系统自动会读取到授权人姓名、身份证、历年账户余额信息。

接下去，继续填写家庭共济备案信息。这里，我们来捋一捋“家庭共济”的两种方式：一种是金额转移，也就是职工医保个人历年账户资金可以通过转移的方式直接共济给本统筹区有账户的近亲属，金额确定但不能实现对城乡居民无账户人员的共济。另一种是账户绑定，参保人与被共济人通过绑定的形式实现账户共济，本统筹区参保人员均可实现，不受无账户人员限制。

举个例子：王阿姨是宁波市城乡居民医保参保人员，没有个人账户。王阿姨的儿子是宁波市职工医保参保人员，历年账户结余资金有 1 万元，那么王阿姨的儿子就可以与其绑定，王阿姨在就医结算时可以使用儿子的 1 万元账户余额，抵扣医疗费中的个人负担部分，但就医仍使用王阿姨自己的医保电子凭证或社保卡。

按需选择“金额转移”或“绑定家庭成员”，以及“绑定关系”（配偶、子女、父母）。如果选择“金额转移”，则需填写享受人姓名、身份证号码、转移金额（转移金额不大于授权人当前历年账户余额），点击下一步。

办理“家庭共济”时的“在线填表”界面

进入“上传材料”界面，需点击“去签章”

第三步，进入“上传材料”界面，点击“去签章”。

第四步，跳转至在线签章平台，点击“签署”按钮签名后，即可完成签章。

第五步，回到上传材料页面，确认“已签章”，点击“下一步”，仔细核对无误后，点击“提交”即可完成金额转移或共济绑定。

三、办理需知

需要注意的是，这里的近亲属不包括爷爷、奶奶、孙子、孙女等隔代亲属以及旁系亲属。

参保人员本人通过承诺授权，同意将个人账户历年余额给近亲属使用，并可授权绑定 1 个或多个近亲属使用，个别统筹区支持历年账户金额划转，划转金额由参保人本人自行决定。

授权双方若为同一参保统筹区，可按规定直接结算。也就是说，被共济人看病、结算时要刷自己的医保凭证，医保报销后个人支付的那部分，可以直接扣除授权人医保凭证的个人账户余额。若授权双方为省内不同参保统筹区，可根据授权人参保统筹区现行政策进行线下报销。

一旦绑定，授权人的全部历年结余资金都可以被家庭成员使用。如果不想让家人继续使用自己的历年个账结余资金，需及时解除医保家庭共济关系绑定。

第七节 如何用手机替家人刷医保

“一老一小”，家中两宝，有个头疼脑热的，着实着急。带了“宝”，忘了卡，咋办？针对这一问题，医保部门上线了医保亲情账户功能。也就是说，你的手机医保功能里只要绑定家人的医保账户，就可以用自己的手机调出他们的医保电子凭证二维码，“码”上看病、“码”上拿药，省去带医保卡的麻烦。

如何绑定和使用亲情账户？亲情账户和家庭共济有什么区别？我们一起来了解。

一、为家人开通亲情账户

打开支付宝 App，在搜索栏搜索“医保”或点击功能区的“医保”图标，进入“医保”频道。在已经激活本人医保电子凭证的情况下，“医保”界面上方会出现“绑定家人”按钮，点击后进入“开通亲情账户”界面。

点击“为家人开通”按钮，选择要绑定的家庭成员，输入被绑定人姓名和身份证信息，进入下一步。

如果要绑定 16 周岁以下的孩子，需提供被绑定人的出生证明、双方户口页、亲属关系证明三种材料中的一种。根据提示上传相应资料，通过审核后即完成绑定。若被绑定人已满 16 周岁，经被绑定人刷脸认证后，方可完成绑定。

添加亲情账户后，就可以在支付宝 App 的“医保”频道看到已添加的家庭成员。点击家庭成员头像，即可切换家庭成员的医保电子凭证进行挂号、买药、结算等，还可以查询家庭成员的年度医疗费用。

目前，“亲情账户”最多可绑定 5 名家庭成员（父母、配偶、子女），支持全国不同参保地的家庭成员绑定，且在使用家庭成员亲情账户时，参考该家庭成员参保地的医保政策。

支付宝 App“医保”频道开通亲情账户界面

二、亲情账户和家庭共济的区别

实际使用中，很多人会把医保个人账户家庭共济和医保亲情账户搞混，认为绑定了亲情账户就能使用家人医保个人账户内的钱了，但其实并不是这样，二者完全不同。

医保亲情账户，就好比家人的实体社

保卡交到你手中，由你在陪同家人就医时，帮家人展示医保码进行挂号、购药、结算等操作，花的是家人自己的医保余额。

个人账户家庭共济则是把自己的医保个人账户历年余额授权给近亲属使用的机制，也就是花自己的钱给家人付医保，实现资金互助。仅通过绑定亲情账户，并不能直接使用家庭共济资金，还需要完成个人账户家庭共济授权的操作。

举个例子：王先生 6 岁的女儿、71 岁的母亲均未使用智能手机，王先生通过绑定亲情账户，陪女儿看病时可以直接出示她的医保电子凭证、陪母亲购买降压药品时可直接出示母亲的电子凭证，就医购药更方便了。同时，王先生还可以通过手机查询到母亲的医保年账单。

医保亲情账户和家庭共济互不影响，没有一致性要求。如果小朋友被妈妈绑定亲情账户，被爸爸授权绑定家庭共济，就医时可以直接使用家庭共济资金。

如果要解除亲情账户绑定，可在支付宝 App“医保”频道，点击右下角“我的”进入个人中心，再点击“家庭医保”图标后，进入“管理亲情账户”，点击想要解绑的亲情账户，进入解绑页面，勾选任一解绑方式，点击“解除绑定”即可。

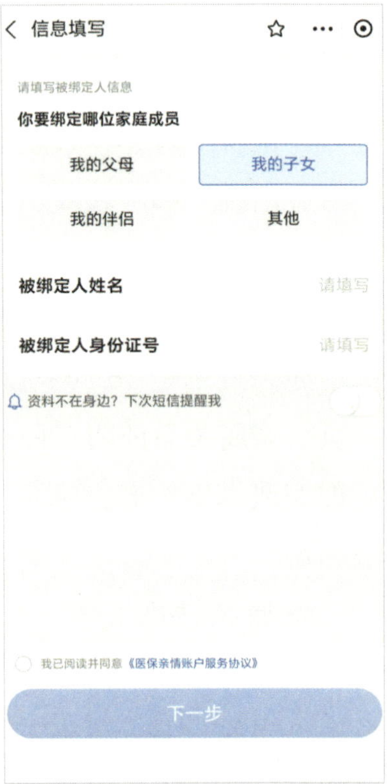

开通亲情账户信息填写界面

“家庭医保”界面可以管理已绑定的亲情账户

第八节
如何在家刷医保看病配药

这两日，杭州市民张老伯的降压药快吃完了，由于行动不方便，每次去医院开药都得全家总动员，这给工作繁忙的孩子们额外增添了不少负担。特别是最近杭州总是下雨，出门配药更不方便，这让张老伯犯了愁。

遇到此类问题怎么办？下面，我们以杭州为例，一起来学习如何通过“互联网＋医保”移动支付，像叫“外卖”一样在线就医配药。

一、支付宝医保配药流程

所谓“互联网＋医保”移动支付，就是将医保在线结算与互联网诊疗服务相结合，实现“在线复诊配药、医保在线支付和药品配送上门”。以支付宝为入口的医保配药流程如下。

第一步，打开支付宝 App，从首页功能区点击进入“医疗健康”频道，搜索“杭州医保在线支付”进入一站式服务平台。

第二步，根据本人就医需求选择已经就诊过的医院或签约的社区卫生服务中心，点击“在线复诊”，搜索相关医师进行在线复诊。

第三步，选择就诊人和医保就诊卡，填写完善相关病症信息。确诊疾病、上次用药以及病情描述为必填项，请认真填写。确认信息无误后，点击“确认提交”，选择医保支付，跳转至医保支付页面。点击“确认支付”时，需进行人脸认证，支付成功后，跳转进入等候接诊页面。

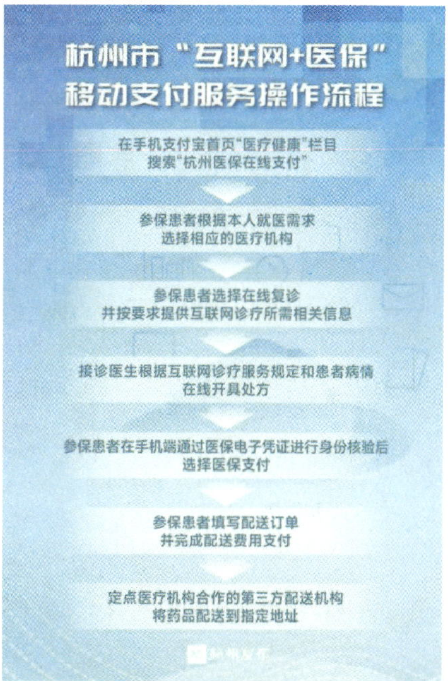

杭州市“互联网＋医保”移动支付服务操作流程（据杭州发布公众号）

第四步，进入会话界面，医师将根据用户提交的病情信息进行复诊，并在线开具处方。

第五步，进入购药界面，首次在线复诊的用户需填写收货地址，提交订单后，选择“医保支付”在线结算互联网复诊费和相关药品费用，配送费需用户自己承担。支付成功后，药品将由专门的配送方“送货上门”。

截至 2023 年底，杭州已有 222 家定点医疗机构开通“互联网 + 医保”移动支付服务，实现移动支付服务全市全覆盖。目前，“互联网 + 医保”移动支付支持常见病、慢性病复诊费用以及相关药品费用按医保规定在线结算。

二、三端同步互联网医疗

2024 年 2 月，杭州市互联网医院微信平台正式上线，市民朋友足不出户，点一点微信即可实现网上复诊配药、医保线上支付、药品配送到家等便捷购

杭州市互联网医院主界面

在线复诊填写信息界面

药服务。至此，杭州市互联网平台医疗健康服务在浙里办、支付宝、微信等三端同步提供，市民朋友可根据自己的使用习惯选择相应入口。

微信平台的操作方法是，打开微信 App，搜索“杭州市互联网医院”小程序，或登录“健康杭州”微信公众号，依次点击菜单栏中的“便民服务”“互联网医院”就能进入平台，享受预约挂号、报告查询及选择名医专家进行在线咨询、复诊配药等看病就医服务。

对于慢性病患者来说，进入“杭州市互联网医院”界面后，用医保复诊、配药有三种方法。

第一种方法，点击首页“在线复诊”，依次选择医院、科室、医生。

第二种方法，在首页搜索栏直接搜索医院、科室、医生、病症，找到所需医生并进入界面。

第三种方法，首页向下滚动至互联网医院列表，分别选择医院、科室、医生。

此后的就诊、配药步骤和上面介绍的支付宝操作流程一致。

第九节　如何在家里跳广场舞

扫码看教学视频

家住杭州滨江区的苏阿姨退休后热衷于跳操健身，还组建了一支中老年健身操训练队。

傍晚时分，她常常会拉着音响设备来到钱塘江边远离居民区的空地，与队友们一起跟着动感的音乐律动。不过，最近天气不好，团队活动只能暂时“打烊”。

对于习惯于跳广场舞的老年人来说，宅在家里可能会感觉无所适从。

那么，老年人在天气不好时如何居家跳舞健身？健身时要注意些什么？我们一起来了解。

一、跟着视频跳广场舞

糖豆 App 作为一款广场舞视频教学手机软件，受到不少中老年人的喜欢。从安卓系统的“应用市场”或 iOS 系统的 App Store 都可以搜索并下载安装该应用。

打开糖豆 App 主界面，就能看到系统推荐的教学视频，点击播放窗口右下角的“放大”图标即可全屏播放。

视频播放窗口还提供了慢放、镜面、AB 循环等功能。其中，慢放功能可以降低播放速度，方便练习者跟学，看清动作要领；镜面功能就像老师对着镜子方向在教学，跟着老师的相同方向做动作即可练习；AB 循环功能，方便练习者截取某段视频进行循环播放学习。

糖豆 App 的“在家跳”板块

糖豆 App 开设的“在家跳”板块，适合广场舞爱好者在家跟着视频节奏健身，系统按不同强度推荐教学视频。点击视频即可全屏播放，还可切换成背面跟跳模式，方便练习者跟着老师同方向做动作。进入“随心跳”栏目，系统会根据自主设置的整体锻炼强度和整体动作变化参数，匹配合适的教学视频。

糖豆 App 提供了“投屏到电视”功能，手机和智能电视或智能盒子连接到同一个 Wi-Fi 后，在播放视频时点击“投屏到电视”，系统会自动搜索可以投屏的电视，成功连接电视后，可用手机操控视频进度、音量大小，切换其他视频。

此外，还可以通过设置选项，将字体大小调整为正常，或者大、超大。

除了糖豆 App，还有不少手机应用提供广场舞教学视频。

西瓜视频 App 开设了“广场舞”专区。打开该应用主界面，点击上方菜单栏右侧的“≡”，选中“广场舞”即可进入广场舞频道。也可按住“广场舞”图标，将其往前拖到合适的位置，点击“完成”，这样每次打开西瓜视频 App，就可在首屏进入“广场舞”频道。

若你对其中的教学视频感兴趣，可点击该视频右上方的“…”，选择“收藏”即可。

此外，在微信中搜索“广场舞”，也能随机搜到相关视频。点击“转发”按键，再点收藏后就可以反复点播了。

若你爱散步，也可搜索并启用“微信运动”，每天记录步数，与微信好友互动点赞。

“学习强国”App“文化”频道开设了“中华武术”子栏目

西瓜视频 App 的“广场舞”专区

喜欢太极拳、八段锦的老年人，可以通过手机“拜师学艺”。

打开“学习强国”App，点击页面右上方的“≡”，选中“文化”进入“文化”频道。也可按住“文化”图标，将其往前拖到合适的位置，点击“完成”。

在“文化”频道下找到“中华武术”子栏目，这里聚合了“健身气功八段锦”“太极功夫扇”等专题，可以全面了解并学习适合老年人的健身项目，授课全免费。

二、跳广场舞的注意事项

锻炼有不少好处，不仅可以促进心、肺、脑等器官机能的改善，还可以增强身体素质，提高免疫力，预防疾病的发生。但是老年人跳广场舞应把握好“度”，才能达到既娱乐又强身健体的目的，有四个“不宜”需注意。

一是不宜幅度过大。随着年龄的增长，老年人肌肉萎缩，韧带弹性降低，关节运动不灵活。因此，应避免突然大幅度地扭颈、转腰、下腰等动作，以防跌倒，产生关节、肌肉损伤，甚至骨折。

二是不宜带有争胜竞技心理。老年人跳广场舞主要是为了达到强身健体的目的，身体疾病多者，得循序渐进，以防受伤。

三是不宜过分疲劳。由于跳广场舞会给人带来兴奋感，有的老年人往往会因此而忽略了疲劳。专家建议，老年人跳广场舞一次最多不要超过半小时，超过半小时中途应停下来休息 10 分钟。

四是不宜时间过早。一般来说，早晨、傍晚都是跳舞运动的好时机。老年人最好在早晨太阳出来后再运动，此时空气中污浊物较少。对于有心血管疾病的老人而言，早晨起床后血液循环较缓慢，傍晚时跳舞最佳。

此外，老年人在跳广场舞前还要做一些准备工作。比如，跳舞前应少量进食，一杯牛奶，一杯糖水就能补充机体基本能量。空腹跳舞会导致低血糖，使人出现头昏，甚至休克的情况。应把跳广场舞当成一件锻炼身体的事情来做，穿着应宽松，便于活动。最好穿运动鞋和运动服，切勿穿长裙和高跟鞋，以免摔倒扭伤。舞前活动手腕、脚腕和脖子，能有效帮助老年人舒展筋骨，避免动作过大而拉伤肌肉。

4

第四章

购物消费篇

第一节

如何用微信、支付宝发红包

扫码看教学视频

春节临近，王大爷和往年一样早早就去银行柜台兑换新钞，装进红包作为孙辈的压岁钱。平日里经常用微信聊天、支付宝付钱，王大爷寻思着，如果念高中的孙子这学期表现不错，他还要额外在家庭微信群里发些红包鼓励鼓励。那么，怎么在手机上发红包？今天，我们来学一学。

一、用微信发红包

逢年过节，如果亲友不在身边，在微信群里发个红包热闹一下，是不错的选择。通过微信可以群发红包，也可以点对点发红包。

微信群可以发三种类型的红包

群发红包的操作步骤是：（1）打开微信进入群聊界面，点击右下角的“+”号，在弹窗中点击“红包”图标；（2）在打开的“发红包”页面，点击左上角切换红包类型，可选择拼手气红包、普通红包或者专属红包；（3）依次输入红包个数、总金额、祝福语等信息，然后点击“塞钱进红包”，选择付款方式后点击确认支付即可发出红包。

给微信好友发红包的操作比较简单，只需点击微信好友进入聊天界面后，点击右下角的“+”号，在弹窗中点击“红包”图标打开“发红包”页面，依次输入红包个数、总金额、祝福语等信息，点击“塞钱进红包”按键即可发出红包。红包发出后，会显示在聊天界面，点击红包封面的“开”，即可收取红包并存入“零钱”，去钱包查看即可。

【温馨提示】专属红包是指定发送给群里某个人的，非指定的人可以在群里看到这个红包，但是并不能领红包。

二、红包和转账有啥区别

细心的人会发现，在发红包时，“红包”图标旁边还有一个“转账”图标。那么，“红包”和“转账”有什么区别呢？虽然红包和转账都可以用来和好友进行资金交流，但是两者还是存在明显区别的，在金额限制、发送范围、到账时间等方面都存在差异。比如，在限额方面，除了某些特殊日子，一般来说一个红包的上限是 200 元，一次最多可发 100 个红包，而转账一天最多能转 20 万元。

在发送范围方面，微信红包可以私发给某个好友，也可以发在群里让所有成员一起抢，而转账就有限制，除了私发给好友，也可以在群里转账，但必须转给指定成员，否则就会发现点不开该功能。已成功发送的红包目前不支持撤回。若红包在 24 小时内未被领取，资金将会自动退回至发送方。

一般情况下，我们只要点开红包、确认收下转账，金额就会立马到我们的钱包里，但是要注意的是，转账还可以设置到账时间，也就是可以让对方延时收到转账，最晚可以延迟 24 小时。这个功能有个好处，当你转错账的时候，联系客服可以追回转账。

设置方法是：（1）打开微信主界面，点击右下角的“我”图标，然后点击“服务”（未更新到最新版本时显示“支付”），打开“服务”页面；（2）点击右上角的“…”，打开“支付管理”页面，选择“转账到账时间”，根据需要选择合适的到账时间，点击“完成”按键即可。设置成功后，收款方在确认收款后，资金会根据选定的时间自动入账到收款方零钱包。

【温馨提示】总的来说，红包更倾向于娱乐形式，而转账金额往往比较大，要仔细核对相关信息，以免造成资金损失。

三、如何用支付宝发红包

支付宝也有发红包的功能，主要有普通红包、口令红包两种类型，其中普通红包仅指定接收人可领取，口令红包任何人都能凭口令领取。

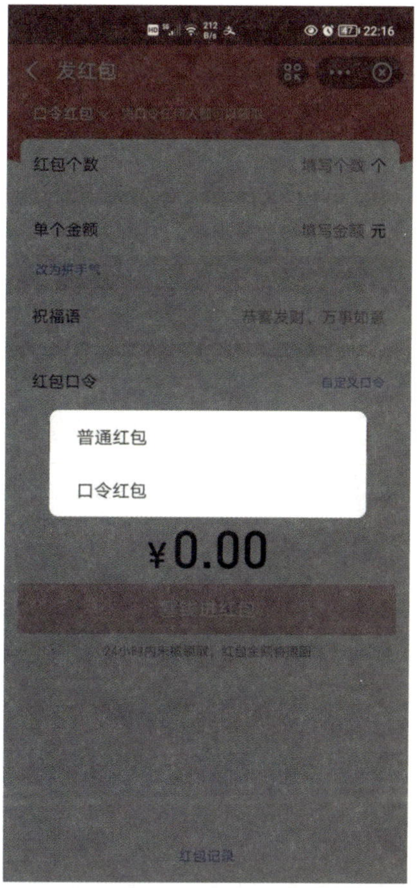

支付宝可以发两种类型的红包

发支付宝普通红包的方式是：（1）打开支付宝主界面，在搜索栏输入“红包”后，点击搜索，显示“红包”小程序；（2）打开“红包”页面，点击“发普通红包”后选好友（可通过手机号搜索），输入金额，可选默认祝福语或自己编辑祝福语，可选默认红包封面或更换其他封面；（3）点击“塞钱进红包”按键，确认支付后即完成发送。

发送口令红包的方式是：（1）在支付宝首页搜索“红包”，进入红包小程序，并选择“发口令红包”，可选择“拼手气”或者“平均金额”红包；（2）输入红包个数和金额，可设置中文口令或生成随机数字口令；（3）点击“塞钱进红包”按键，支付成功后可保存口令图片或者复制文字口令，通过微信或其他途径分享给好友。

如何领取支付宝红包呢？普通红包的领取方式是，登录接收红包的支付宝账户，点击“消息”，进入和该好友的聊天框，点击领取红包即可，领取成功后资金会进入账户余额中。口令红包则需在支付宝搜索栏搜索“红包”，进入红包小程序，在红包首页输入口令，即可领取该口令红包。

【温馨提示】红包的有效期为 24 小时，支付宝用户需通过实名认证才能领取红包。若忘记设置的红包口令或需要分享给其他人，请在“红包”页面点击“我的红包”，查看“我发出的”，点击“红包口令”，即可查看口令或者撤回红包。任何人都可凭口令领取红包，请注意不要使用常用词、固定搭配、热门用语作为红包口令。

第二节 如何用支付宝、微信点外卖

盛夏时节，天气炎热，老年人外出活动减少，有时懒得在家烧菜或不想顶着热浪外出下馆子，可以试试在手机上点几个家常菜，由外卖小哥送餐到家。

扫码看教学视频

目前，饿了么、美团等平台都提供外卖送餐服务，支付宝、微信也提供点餐入口。下面，我们一起来学一学通过支付宝、微信点外卖的方法。

一、用支付宝点外卖

打开支付宝 App，如果你不能在首页功能区块找到“饿了么”图标，可点击“更多”，进入“应用中心”页面，点击上方的“编辑”按钮，此时，部分功能图标的右上角会出现“+”号或“-”号。“+”号的意思是可将应用图标添加到首页应用，“-”号的意思是可将应用图标从首页应用中去除。

管理支付宝 App“首页应用”

用手指向上滑动屏幕，在“购物娱乐”栏目找到“饿了么”图标，点击“+”号就能将其添加到首页应用。你还可以拖动首页应用中的应用图标，放置于合适位置。点击页面右上角的“保存”按钮，完成页面调整。此后，每次打开支付宝 App，就能在首页功能区块找到“饿了么”图标，并快捷进入应用。

如果手机定位已开启，系统会自动获取附近的外卖商家清单，方便你从中选择美食。你还可以根据页面上方的分类图标，更精准地查询到附近提供美食、水果、饮品、净菜等外卖服务的商家。比如，你要品尝西北风味美食，可点击进入“家常菜”页面，左右滑动页面上方的分类菜单条，打开“西北美食”列表，选择商家，将菜品添加到购物车，然后去结算。

如果你是首次使用“饿了么”，需在确认订单页面新增收货地址。该页面还会显示预计送达的时间、相关费用及优惠说明。你可以根据需要预约配送时间，在备注栏输入口味、偏好等要求。确认信息，提交订单完成支付后，即可在家坐等外卖小哥送餐上门了。

将“饿了么”应用图标添加到“首页应用”后，就能从支付宝 App 首页快捷打开

在微信 App 搜索“美团”小程序，即可进入美团外卖页面

二、用微信点外卖

打开微信 App，点击页面右上方的放大镜图标，进入搜索页面，点击“小程序”，将搜索内容指定为小程序。随后，在搜索栏输入“美团”，点击“搜索”按钮，在搜索到的列表中点击进入美团外卖小程序。

如果手机定位已开启，平台会自动定位你所在的小区，并列举附近的美食商家。如果你要品尝不同风味的家常菜，点击进入“家常菜”页面，即可在列表中挑选商家，在其中点菜。

首次使用时，系统会提示你用微信或手机号登录或注册。完成登录后，即可将菜品选入购物车。点击“去结算”按钮，在提交订单页面核实收货地址，或新增收货地址。你还可以预约配送时间，在备注栏给商家留言。

下单成功，商家即可接收到订单，并进行菜品制作、配送。

此外，微信还在发现页的小程序中“隐藏”了一个外卖入口。当你通过微信发现页进入小程序页面，就能看到“门店快送”栏目。目前，“门店快送”已上线美食、茶饮、生鲜和百货等品类的商品。

第三节 如何关闭免密支付功能

扫码看教学视频

近期，在全国各地出现多起因事主开通免密支付功能而被盗刷的案例。骗子借口购买商品添加商家微信好友，通过微信进行沟通，后以商家收款码异常为由，指引商家在微信视频中展示支付宝收款码。然而，打开支付宝或微信的“收付款”页面时，首先跳出的是“付款码”，需要点击切换才能来到“收款码”页面。在此操作过程中，商家支付宝付款码暴露，骗子利用“免密支付”趁机刷走钱财。

不仅如此，一些老年人在家里观看互联网电视节目时，因为高清影片或热播电视剧要收取会员费才能正常点播，便用支付宝或微信付费办理了云视听会员，此后每个月都被自动扣款。也有一些老年人在使用手机软件时，受“免费领取 7 天会员”“VIP 首月仅需 6 元”等醒目广告的诱惑，办理了会员套餐。然而，平台方会以很小的字体、很浅的颜色标注附加条款，造成用户在第一次开通会员时享受了优惠，但在后面得按原价支付费用。

支付宝“免密支付 / 自动扣款”页面

为此，我们提醒广大老年朋友，支付宝、微信的免密支付存在被盗刷、自动扣款的风险，建议谨慎开通或直接关闭这个功能。

一、关闭免密支付

关闭支付宝免密支付功能的方法：登录支付宝 App，依次点击右下角“我的”，右上角“设置”图标，进入“支付设置”，就能看到“免密支付 / 自动扣款”，进入页面后，即可查看已经签约的第三方应用。

进入微信“免密支付”页面，可选择要关闭的免密支付项目

在“付款码免密支付”选项，选择已开启免密支付的应用，并解除授权。

另外，我们在一些城市乘坐公交地铁前，会通过支付宝领取一张当地的电子乘车码，实现乘车刷码无须输密码的快捷支付。当要关闭乘车码授权支付功能时，可通过上述操作进入“免密支付 / 自动扣款”页面，再打开“乘车码服务”，选择“公交卡”并关闭相关功能。

关闭微信免密支付功能的方法与支付宝类似：打开微信 App，依次点击“我”“服务”“钱包”“支付设置”“免密支付”，在这里可以选择要关闭的项目。

二、设置锁屏密码

有人会问，当我们在商场、超市使用支付宝、微信“付款码”被收银员用“扫码枪”扫码消费时，并没有输入密码的操作，难道是自动开启了免密支付功能？

的确如此。不过需要说明的是，商超要使用这项功能的话，需要向支付宝、微信提交申请，通过审核后才会签订相应的代理协议，而且每笔消费都有账单凭证。我们在进行支付消费时，最好检查一下消费详单，发现金额不对就要向收银员询问处理。

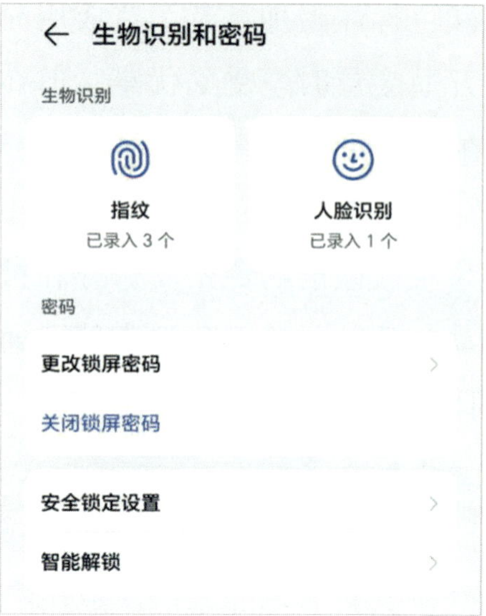

在“生物识别和密码”界面，可录入指纹、人脸信息，开启锁屏功能

上述所说的正常操作安全性不用太过担心，但在一些特殊情况下，例如手机遗失时，用户的资金可能会受到威胁。

为此，我们提醒广大老年朋友在给支付宝、微信设置支付密码的同时，开启指纹密码，这样当我们在公共场所进行扫码消费时，可优先使用指纹密码而不会泄露数字密码。

同时，还可以设置一个锁屏密码，更好地保护手机安全。具体操作是，打开手机桌面的“设置”，进入“生物识别和密码”选项，录入指纹和人脸信息。有的手机还可以通过开启锁定模式，在关机界面只能使用密码解锁。

第四节

如何用手机选购车险

汽车保险年年要买，有车的老年朋友，在车险即将到期时会通过什么渠道续保呢？是去汽车 4S 店咨询购买，还是打电话给各家保险公司咨询比价后购买，或是在保险公司官网或 App 购买？

扫码看教学视频

其实，不论通过哪种渠道购买车险，最终和我们签合同的都是保险公司。那么，如何在家通过手机对各大保险公司的车险产品进行比较，选择最符合自己要求的呢？今天，我们就来学一学用手机选购车险的方法。

一、车险的种类

车险可分为两大类，一类是法律规定强制购买的交强险，一类是可依据个人意愿购买的商业险。

交强险负责赔偿事故中对方的损失，额度较低，因此建议车主们针对自己的实际需要购买合适的商业险作为补充。

商业险则分为四大险种，以及十余种附加险种，各自有不同用途。比如，车损险负责事故中自己车辆的修车费用；第三者责任险则是交强险的补充，负责赔偿事故中对方的损失；车上人员责任险负责的则是自己车上人员的治疗费用。

车险要按需购买，不建议走极端，只购买交强险，或者追求“全险”。

二、用支付宝选购车险

支付宝上有很多便捷的生活服务功能，可以满足用户的多种需求，其中就有选购车险的渠道。

打开支付宝 App 主界面，在功能图标中点击“更多”，进入“应用中心”界面，在“便民生活”栏目点击“车生活”图标，进入支付宝车生活界面。

点击“精选服务”栏目的“车险”图标，即可进入选购车险界面。

首次使用时，需添加车辆信息。在投保信息栏输入车牌号码，选择投保地区，随后点击“查看报价”按键，在弹出的确认信息窗口勾选相关信息后，系统会自动从多家保险公司获取实时报价。

需要提醒的是，我们在获取车险报价时，要检查一下商业险套餐是否符合自己需求。可点击“调整套餐”进行修改，按需对第三者责任险、司机责任险、乘客责任险以及附加保障的保障金额作出调整。确认方案后，点击“使用该方案报价”按键，系统会再次从多家保险公司获取车险报价。

不同保险公司的报价和提供的代驾、道路救援、代为送检、安全检测等增值服务是不同的。在货比三家后，我们可以选择一款性价比最高的产品，按提示进行查阅条款说明、核验信息、支付保费、获取电子保单等操作。

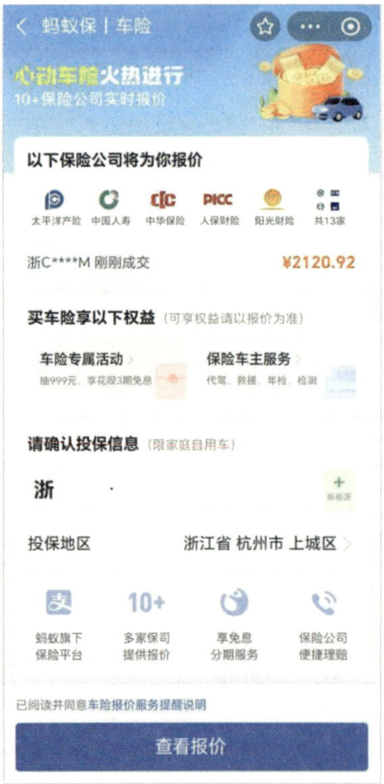

支付宝App车险主界面

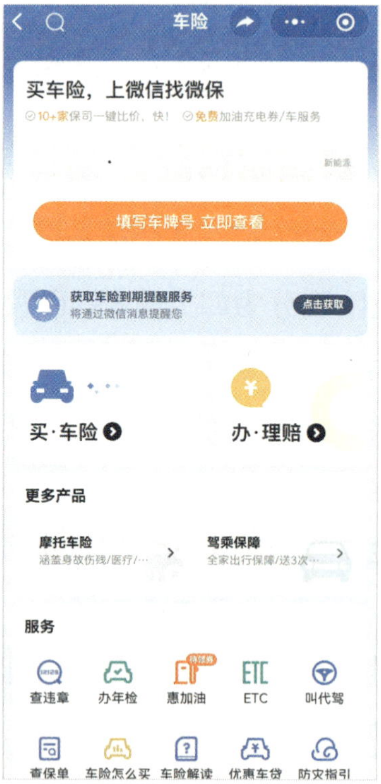

微信App车险主界面

三、用微信选购车险

微信平台也提供了选购车险服务，具体操作步骤是，打开微信 App，点击右下角的“我”，进入“服务”界面，在“金融理财”栏目点击“保险服务”，进入腾讯微保界面。点击“车险”图标，即可进入车险界面。

在支付宝或微信 App 的车险平台提交保险方案后，多家保险公司会提供实时报价

首次使用时，需输入车牌号添加车辆信息。随后进入“买·车险”栏目，点击“确认信息，查看报价”按键，根据系统提示上传清晰完整的行驶证照片，绑定车辆后，即可获得多家保险公司的实时报价。

当需要调整投保方案时，可点击“修改方案”，按需修改第三者责任险、司机责任险等项目的投保金额。

比价后，选择合适的保险公司，即可按提示完成投保流程。

需要注意的是，我们不管是通过支付宝还是微信的保险代理平台购买车险，都可以通过保险公司的官网和微信公众号查询到自己车辆的投保信息，获取电子保单。

第五节 如何通过手机买菜

疫情期间，为做好自我防护，家住杭州市西湖区的钱大妈和老伴大幅减少了外出次数。宅在家里的他们在女儿的帮助下，下载了一堆

扫码看教学视频

买菜 App，尝试着在各种“云菜场”里购物。

“网上买菜，有时有满减、送券之类的促销活动，菜品价格与门店相当，甚至更便宜。手机点点就把菜买好了，还有人送货上门，这对腿脚不方便的老年人来说是比较友好的。”钱大妈表示，经过一段时间实践，她已慢慢适应并接受网购。

目前，市面上有很多买菜软件，它们有哪些特色？使用时需要注意什么？针对这些问题，我们以几款常用的买菜软件为例，介绍如何在网上买菜。

一、生鲜电商平台

美团、叮咚、盒马等电商平台，提供配送到家服务。从软件界面来看，各大买菜平台的布局都比较相似，最上方是定位功能，接着是搜索栏，再往下是分类按钮。

市面上的多款买菜软件

某生鲜平台主界面

使用买菜软件时，首先要确认一下自己的收货地址是否在配送范围。点击首页左上角的定位，输入收货地址，如果显示黑色字体则在配送范围，显示灰色字体则无法配送。

此外，各款买菜软件的操作步骤也比较相似，大致都要经过选菜、确认购物清单、确认收货地址、选择送达时间、支付结算的流程，接下去便是坐等送货上门了。

（一）美团

美团 App 提供了多种买菜渠道，其中的“外卖”“超市 / 便利店”提供附近商家的生鲜菜品选购和配送到家服务。

用美团买菜的操作步骤是：（1）打开美团 App 主界面，点击“超市 / 便利店”，再点击“生鲜 / 菜市场”，打开线上菜市场；（2）进入附近的商家，挑选海鲜水产、肉禽蛋、蔬菜水果等商品，点击“+”添加商品到购物车；（3）点击窗口下方的金额，确认菜品，点击“去结算”，填写配送信息后，提交订单并付款即可。实付满 20 元即可配送，配送时间取决于你和商家的距离，一般情况下 40 分钟左右就能送达。

（二）叮咚买菜

叮咚买菜 App 除了提供蔬菜、水果、肉制品，还提供了快手菜专区，有直接搭配好的蔬菜肉类，一些“好吃难做”的菜，在家里简单处理后就能食用，十分方便。

叮咚买菜下单后可选择当日或次日的送达时间，配送员会根据预约好的时间进行配送，最快半小时左右送达。

如果不想下载 App，也可以通过微信或

叮咚买菜 App 的快手菜专区

者支付宝搜索“叮咚买菜”小程序，操作界面和 App 版一样。

（三）盒马

盒马的肉、蛋、果蔬供应比较全，新鲜绿叶菜较多，大部分是当天从产地、仓库配送至门店的商品。

盒马的生鲜配送范围，一般为盒马门店 3 公里内的地区，商品的送达时间以下单页面上“预约送达时间”为准，当天页面上能勾选的预约送达时间，都会安排送货。

（四）饿了么

饿了么 App 首页提供买菜入口，蔬菜肉禽店铺多为下单区域附近的菜场。可根据需要选择商家购买菜品，使用体验与日常点外卖的操作较为类似，在结算页面可选择送达时间。

除了饿了么 App，还可通过微信、支付宝搜索“饿了么”小程序，买菜方式和 App 版一样。

（五）每日优鲜

每日优鲜在众多城市建立起“城市分选中心 + 社区配送中心”的极速达冷链物流体系，为用户提供生鲜产品“2 小时送货上门”的配送服务。用户下单后，配送员会根据配送地点选择最近的前置仓取货，最快 30 分钟即可将生鲜送到消费者手中。

（六）京东到家

京东 App 首页的“京东到家”提供买菜服务。京东到家有众多商家入驻，平台商品种类众多，可根据需求随意选择一家超市或农贸市场进行购买，平台会显示预计送达的时间。

（七）天猫超市

天猫 App 或淘宝 App 中的“天猫超市”提供“半日达”买菜入口。天猫超市半日达与天猫超市的区别就在于配送时效，天猫超市半日达会在半天内甚至一小时内到货，而天猫超市一般是次日或者是更长时间。

二、社区团购平台

一些电商平台通过改变运营模式，借助社区团购以及微信载体，完成商品的渠道下沉，实现“预售 + 自提”的销售模式。在使用这类 App 时，首先要确定一个附近的自提点。一般当天 23 时前下单可在次日 16 时后前往自提点取货，23 时后下单可在次日 16 时后自提。

比如，美团 App 中的“美团优选”、拼多多 App 中的“多多买菜”、兴盛优选 App 以及它们的同名微信小程序都提供了配送到自提点的服务。

三、商超自有平台

我们身边有很多大型商超都建了自己的线上平台，像永辉超市的永辉生活 App、物美超市的多点 App、大润发超市的大润发优鲜 App 等平台，以及它们的微信同名小程序都提供在线买菜服务，这些平台依托自身的商超背景，上架的商品也是琳琅满目。

第六节 如何用手机购买演出票

很多老年人喜欢听戏唱曲，却苦于不知道去哪里看戏、有什么戏，只能在家里通过电视机、收音机收看收听戏曲节目。

扫码看教学视频

有什么方法可以方便地查询到当地剧场演出信息、在线购票选座，到现场来个沉浸式体验呢？下面的操作技巧，一起学起来吧。

一、用支付宝查询购票

在支付宝 App 购物娱乐板块，一款名叫“淘票票”的应用，提供了查询购买演出票的服务。如果需要经常使用这款应用，可在打开支付宝 App 主界面后，点击功能区的“更多”，进入“应用中心”，然后点击右上角的“编辑”按钮。此时，部分功能图标的右上角会出现“+”号或“−”号。用手指向上滑动屏幕，在“购物娱乐”栏目找到“淘票票”图标，点击“+”号就能将其添加到首页应用，点击页面右上角的“保存”按钮，完成页面调整。

支付宝App的“淘票票”首页

此后，每次打开支付宝App，都能从首页功能区快速进入“淘票票”应用。系统会根据手机定位，在电影/剧院、展览休闲、剧场演出等类目中，列出所在城市近期上演的节目名单。

如果不想在这一大串名单中挨个查看，可在搜索栏输入关键词搜索，精准查询到想要看的剧目。比如，你喜欢看昆曲、越剧、相声，则在搜索栏输入相应关键词，系统就能罗列出一批对口的专场名单，以便你直观看到演出名称、时间段、地点等信息。

点击进入某场演出，即可查看剧情、演出时间、地址、票价、演员阵容、观众评价等信息。在下单购买前，先仔细查看购票须知，包括购票、退换票、观演须知等规则。确认无误后，点击“立即购买”按钮，选择场次、票档、座位，进入订单确认页，填写观影人、联系人信息后，提交订单，即可购买演出电子票。

二、用微信查询购票

打开微信App服务板块的“电影演出玩乐”应用，也能进行查询购票。

具体操作方法是，打开微信App，点击右下角的“我”，进入服务页面。向上滑动屏幕，在“购物消费”栏目点击进入“电影演出玩乐”主界面。点击“演出”图标，或页面底部的“演出/玩乐”，进入演出/玩乐界面。其中精细地分类出演唱会、脱口秀等众多演出玩乐形式。

比如，你要查看近期相声演出情况，只需点击页面上方的“相声”图标，系统就会罗列出当地和附近城市的相声专场。喜欢看戏曲节目的话，点击“戏曲艺术”图标，则可查看越剧、昆曲、评弹等传统戏曲专场的清单。

点击进入某个戏曲专场，查看演出详情、购票须知、观众评价等信息后，点击“选座购票”，选择演出场次、票档、座位，点击“确认”进入确认订单界面，添加购票人、观演人信息，在线支付后，即可获得该专场的电子票。

需要注意的是，有些演出要在开场前凭电子票到指定地点进行验证，兑换成纸质票据后才能入场。

通过支付宝或微信平台，都能查询到不少剧场、演出，像省人民大会堂、省文化馆小剧场、杭州大剧院、大华书场、笑海相声会馆、西溪天堂艺术中心等众多场馆，都会经常举办各类精彩演出，涵盖多种形式，总有一款是你喜欢的。

微信“电影演出玩乐”界面

微信 App 分类搜索到的戏曲艺术演出清单

第七节 如何看直播买东西

扫码看教学视频

70 多岁的张阿姨有空就爱刷视频，最近，她通过某平台视频直播间，下单抢到一件折扣力度蛮大的连衣裙。

“我几乎每天都会刷到这家店的视频广告，越听介绍越觉得这件衣服穿起来减龄，价格也让人心动。”张阿姨说，商家一次只上线一两件衣服，可能是因为手速慢，当她想以 149 元的促销价下单时，实际价格却变成 688 元，只得重新进入直播间抢单。另外，张阿姨还有一个顾虑：万一不合身要退换货该怎么操作？

如何在直播间购物、退换货，有哪些注意事项，今天我们就和大家来说清楚。

一、关于直播间购物

相比传统电商平台的“图文 + 短视频”式购物界面，新兴的视频直播带货方式，能让买家更直观地看见实物，听到讲解，甚至参与促销活动，所以这种购物方式越来越受到消费者青睐。

在直播间点击下方的宝贝口袋图标，可挑选购买直播间商品

目前，除了淘宝、京东、拼多多等传统电商平台上有直播带货外，抖音、快手、微信视频号等短视频平台，以及今日头条、小红书等内容创作分发平台也都有视频直播购物间。

二、电商平台直播间购物

淘宝、京东等传统电商平台的商品种类早已涵盖生活方方面面。我们以淘宝为例，看看如何在电商平台直播间购物。

打开淘宝 App 后，页面上方有“淘宝直播”栏目，进入该栏目系统会自动推荐一批正在直播销售的商品，用手指在屏幕上往下滑动，系统会自动更新列表。

点击“全部分类”图标，可以看到淘宝 App 包括时髦穿搭、一起变美、亲子萌娃等多个直播频道。

点击频道中的图片即可进入直播页面，直观了解商品。如有问题，可在左下角“说点什么”输入框中提问，快速获得解答。

页面下方还显示上架销售的商品数量，点击宝贝口袋图标即可显示商品列表，点击商品图标或标题进入图文介绍页面，详细了解商品情况。选定商品后，点击右下角“立即购买”按钮，填写收货地址等信息，提交订单，完成支付，即可坐等货品快递到家。

除了上述进入淘宝直播间的方法外，还可以在淘宝首页搜索栏输入关键词搜索商品，再从商品列表中找到带有“直播中”标志的商品，点击“直播中”文字即可进入直播间选购商品。

三、短视频平台直播间购物

像抖音、快手等基于短视频创作分享的平台，直播带货、短视频带货等手段都运用得十分纯熟。

进入抖音 App，点击页面上方的“双 11”进入购物专区，其中的购物体验形式多样，既有传统图文样式的购物界面，也有以录制好的短视频为背景的购物界面，更有主打的视频直播带货界面。

点击带有“直播中”标志的商品进入直播页面，就可以看到主播现场讲解演示的画面。点击右下角的商品弹窗或直接点击“购物车”，就可进入购物列表了解选购商品。

在直播间向上滑动页面，还可以切换浏览不同商家直播带货的商品。选中商品后，填写地址，确认支付，就完成购物。

快手 App 的购物体验与抖音相似，进入首页后，点击上方滑动菜单“购物节”进入购物页面，点击有“直播中”标志的商品进入直播间。也可以点击右上角放大镜图标，输入商品关键词，从列表中挑选正在直播的商家。

在直播间点击下方“购物车”图标，显示上架商品列表，选定商品后，点击“去抢购”，填写收货地址，立即支付，完成购物流程。

四、内容平台直播间购物

不少人喜欢在今日头条 App 上看新闻、刷视频。目前，今日头条 App 已设置独立的“购物”频道，当你搜索关键词时，会出现“购物”频道，其中就有直播带货的商品。

点击有“直播中”标志商品即可进入直播间，购物体验和在抖音直播间相似。

小红书 App 页面底部专门开设“购物”频道，点击进入后有许多购物主题，如点击“直播探店”即可进入直播间，向上滑动屏幕可切换直播间，购物方式和其他平台相似。

五、直播购物的注意事项

不少老年人直言，在直播间买东西很容易冲动消费，主要是因为自己没有明确的消费意愿，刷到直播商品时，在主播充满激情的讲解下，容易产生稀缺紧张、低价秒杀、不买就亏的情绪，这样就很容易买到不实用或根本用不着的物品。

为此，我们提醒老年朋友，在购物时应该多一些理性思考，货比三家，多看看评价，既不要因为低价盲目下单，也不要过于信任主播的介绍；在选择支付前，要考虑清楚再下单，避免不必要的麻烦；提前关注需要购买的商品，对比优惠力度，避开商家“先涨价后降价”的套路；尽量选择成熟电商平台，可以有效提高维权成功率。

如果买到不称心商品，可在自己的购物平台中找到“我的订单”，联系商家并发起售后申请。商家审核后，即可寄回货品，有些平台可在退货页面直接选择上门取件，方便自动理赔。

如果需要自行寄回商品，可通过支付宝 App 的“我的快递”下单“上门取件”，或直接到附近的驿站、快递柜自助下单。

第八节 网购如何避免踩“坑”

网上购买家居用品、衣帽鞋袜……如今，越来越多的老年人借网络购物走向数字生活。他们戴上老花镜，盯着手机屏幕，试图从琳琅满目的商品中“淘”到心仪的宝贝。

然而，面对产品同质化严重、宣传海报真假难辨的情况，加上商家的各种促销手段和低价诱惑行为，老年消费者很容易在网购中踩“坑”。

除了政府部门应加强监管，打击虚假宣传、欺诈等违法行为；电商平台应加强自我管理，为消费者提供详细、准确的商品信息，老年消费者，该如何练好“内功”，防范网购潜在风险？今天，我们梳理出一些老年人网购的常见问题以及避“坑”指南，供大家参考。

一、按需购物“真”实惠

在互联网上，消费者无法直观比较不同商品的区别，往往只能依靠商家描述和图片来判断。一些不良商家通过移花接木式虚假宣传、“全网最低价”夸大宣传等手段欺骗老年人购买质量低劣的商品。

如何准确、快速地找到自己需要的商品？

如果消费者更注重产品质量、售后服务，可选择京东、天猫等购物平台，里面多为旗舰店或品牌店，上架商品经过严格审核，品质和退换货、维修等售后服务比较有保障。如果消费者更注重商品性价比和个性化购物体验，可选择淘宝、拼多多等购物平台。这些平台还常有百亿补贴、团购促销、领券购买等优惠活动，让消费者“淘”到物美价廉的商品。

那么，如何用好这些补贴政策呢？以拼多多 App 为例，老年朋友打开该应用后，可在首页顶部“搜索区域”输入商品名称，点击“搜索”。在搜索到的商品列表中，有“百亿补贴”“秒杀”“热卖”等标签的商品，价格相对实惠。

随后，点击商品图片，查看商品详情，确定要下单时，可点击右下角的“发起拼单”或“直接拼成”，这样能享受更实惠的价格。

二、直播间购物莫上头

当前，短视频是中老年人最主要的娱乐方式和信息获取方式之一。然而，当下短视频直播环境中，秒杀价、拼手速，紧迫感层层递增；博同情、送福利，情感距离步步拉近。主播们滔滔不绝的讲解，紧张刺激的秒杀环节，精心设计的剧本，一股脑地袭来，很容易让人冲动消费。

直播购物风险较高。为此，我们建议老年朋友在网购商品前，先问自己三个问题：我真的需要吗？家里有可替代的东西吗？家里目前是否还有存货？

此外，不要听信主播的单方面口述推销，而是要查看商品的包装信息，如商品的名称、成分、厂家、厂址、生产资质等。老年朋友在购买前不仅要比对不同直播间，还要跳出直播间，在不同网购平台横向对比，避免高价买到假冒伪劣商品。

三、保留证据好维权

相关购物凭证和聊天记录是消费者在与经营者产生纠纷时维权的有力证据。

为此，我们提醒老年朋友在下单前，最好翻翻其他买家的评价，重点看有实景拍摄图和带视频的，至于那些拍得特别精美的图片，很可能是卖家的“自产自销”。

另外，注意截取有关宣传网页，保留聊天记录，妥善保管订货单、发货凭证、发票等购物凭证，为后期可能出现的消费纠纷提供维权依据。

在直播间购物时，可用录屏、截屏等方式保留带货主播对商品质量、价格、退换货等的承诺以及聊天记录等，以备不时之需。

一旦自身合法权益受到损害，如若与商家协商处理无果，也可向网络交易平台投诉，或向所在地消费者权益保护组织投诉。

四、退货可选上门取件

调查发现，常在网上购物的老年人都遇到过所购商品不合心意的情况，尽管大部分商品都支持“7 天无理由退换”，但遇到金额不大的东西，半数以上的老人宁愿商品放在家里闲置积灰，也懒得退换。

退货详情界面

流程复杂，是阻碍老人退换网购商品的一大“拦路虎”。为此，我们提醒老年朋友在网购时，尽量选择有“运费险”、发货地比较近的商品。

当遇到必须退货的情况，该如何操作？打开淘宝、拼多多等购物平台，找到“我的订单”，在订单详情页面，找到并点击“申请退款”。然后，根据页面上的指引，选择退货退款或无须退货，选择申请原因，并填写信息，在退货方式中选择“上门取件”，预约取件时间，提交订单后，记下寄件码。

当快递员上门取件时，确保商品完好无损地交给快递员，并告知寄件码，即可轻松完成退货流程。

第九节 如何使用数字人民币

王大伯退休后不久，很喜欢研究手机上的新功能，支付、聊天、购物、K 歌对他来说都是轻而易举的事。当他得知浙江杭州、宁波、温州、湖州、绍兴、金华 6 个承办亚运会的城市进行数字人民币试点的消息后，便迫不及待地想去尝尝鲜。

不过，面对这一新事物，王大伯还是有点茫然，不敢轻易操作。数字人民币有什么特点？它和平时用惯了的支付宝、微信支付有啥区别？可能很多人像王大伯一样，还不太清楚数字人民币是什么，今天我们就来做个科普。

一、数字人民币的特点

数字人民币并不是一种新的货币，而是中国人民银行发行的数字形式的法定货币，它与我们熟悉的纸钞、硬币等价。通俗来讲，它就是电子版的人民币，数字人民币不计利息，没有理财属性。

数字人民币界面

支付宝、微信移动支付已经挺方便了，为啥还要有数字人民币？其实它们之间有着本质区别，打个简单的比方，数字人民币是“钱”，可以理解成“钱包”里装的内容，支付过程相当于拿着一把“电子钱”直接付给商家，甚至不需要网络也能支付，只要收付款双方的手机有电，用手机碰一下钱就过去了；而支付宝、微信的“钱包”，可以理解成“金融基础设施”，里面既能装银行存款货币，也能装数字人民币，付钱时从“钱包”里拿钱给商家，而且必须要有网络才能完成支付。

对消费者来说，数字人民币和支付宝、微信在支付过程中的体验差异并不大，不过对于商家而言，差别就明显了。比如，你在用支付宝、微信绑定的信用卡消费购物时，商家是需要支付手续费的。此外，从支付宝、微信账户提现也可能产生手续费，而数字人民币是实时到账的，无须服务费。

二、开通数字人民币业务

（一）下载注册账号

首先，要在安卓应用市场或苹果 App Store 搜索并下载安装“数字人民币”App。首次使用该 App 时，需注册账号。系统会根据你所在的位置判断是否符合注册条件，依次输入手机号、验证码，设置登录密码后，即可完成注册。

（二）开通数字钱包

在当前的数字人民币设计中，钱包存储金额都依赖银行提供的服务，因此开通钱包时会提示用户选择运营机构，目前有 10 家运营机构提供数字人民币服务，默认开通的是四类匿名钱包。也可通过菜单“我的”里面的“开通 / 添加钱包”选项开通或添加数字钱包。

对于数字人民币来说，仅用本人手机号码就可以开通数字钱包。选择一家银行，在打开的界面中验证手机号、输入验证码、设置钱包名称、设置 6 位支付密码，系统验证成功后，即可开通数字钱包。

数字人民币钱包根据客户身份识别强度进行分类管理，目前分为四种钱包类型。其中仅用手机号注册的四类匿名钱包，余额上限 1 万元、单笔支付限额 2000 元、日累计支付限额 5000 元。

（三）绑卡充值消费

有了数字钱包，还必须充值才有余额进行消费，不像支付宝、微信那样绑定银行卡后可以直接从银行账户划款。

可通过银行卡充钱和手机银行转入两种方式为钱包充值。如果选择通过

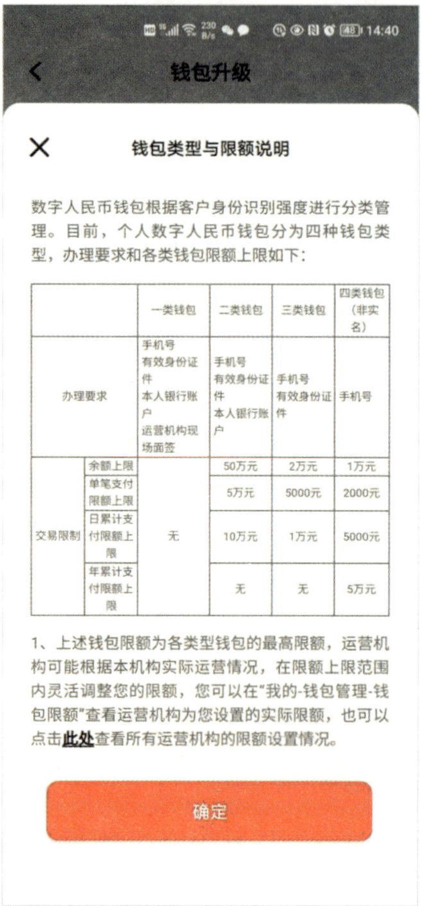

个人数字人民币钱包分为4种类型，办理要求和交易限制各有不同

目前有10家运营机构提供数字人民币服务

银行卡充钱，需绑卡并将钱包升级为二类钱包。输入身份证信息、完成人脸识别、添加并验证银行卡，完成上述操作后，四类匿名钱包便升级为二类钱包，余额上限、单笔支付限额、日累计支付限额均大幅提高，不同银行的限额不同。

在“数字钱包”界面点击“充钱包”按键，输入要充值的金额、支付密码后，即可给数字钱包充值。

如要使用数字人民币，仅需打开 App 首页，将屏幕往上滑动，出现付钱码，让商户 POS 机扫描即可付款消费；也可点击“扫一扫”，扫描商户收款码消费，这两种消费方式，和我们平常使用支付宝、微信付款方式相似。

另外，“数字人民币” App 还支持有 NFC（近距离无线通信）功能的手机使用“碰一碰”快捷收付款。从手机屏幕最上方下拉出菜单，点击打开 NFC 开关，然后打开“数字人民币” App，点击右上角的“碰一碰”，将手机背面靠近商家收款设备，即可完成支付。

目前浙江省试点地区仅支持手机与商家终端碰一碰付款，个人手机和手机之间的“碰一碰”或者“双离线”（双方无网无信号）收付款功能还在开发中。

（四）开通子钱包

所谓“子钱包”，是指针对数字人民币不同细分场景，如电商消费、交通出行、本地生活等设定分场景、分机构的钱包。目前，数字人民币已在京东、美团、饿了么等 60 余款 App 中开通了子钱包功能。也就是说，在数字人民币钱包内添加“子钱包”，绑定其中的商户，就可实现在相应的商户 App 内使用数字人民币付款。

当开通数字钱包后，系统会弹出“推送子钱包”的提示，可以向手机上安装的 App 一键推送子钱包。

也可以手动添加“子钱包”。打开数字钱包后，点击“子钱包”选项，再点击“添加子钱包”，即可选择商户。举个例子，当添加了美团子钱包，在美团点外卖选择支付时，就能在支付页面用数字人民币付款。

5

第五章

旅游出行篇

第一节 如何查看天气预报

俗话说“五月天孩儿面，说变就变”。随着阵雨、雷雨等对流天气增多，出门前，人们总会先看看天色、查查天气预报，了解当日的冷暖情况，决定要不要披外套、带雨具。

扫码看教学视频

对老年人来说，居家或外出旅行时，更需要关注天气变化。今天，我们就来学一学如何通过手机快速了解天气状况。

一、用天气软件看预报

一般来说，手机厂商都会在智能手机上预置一款天气软件，并在桌面设置天气卡片，以便用户快速查询天气预报。

天气卡片除了显示时间、日期外，还会直观显示当前的天气状况。点击卡片上的天气，即可进入天气预报界面。其中显示了所在地的天气情况，包括当前气温实况，以及预测的最高最低气温、近日天气、空气质量、空气湿度等信息。

在当日气温趋势图中，向左滑动区块即可查看未来数小时的气温变化、降雨概率。在“近日天气”栏目中，向左滑动区块可查看最近一周的天气趋势，包括晴雨、气温变化情况。点击“查看多天预报”还能了解未

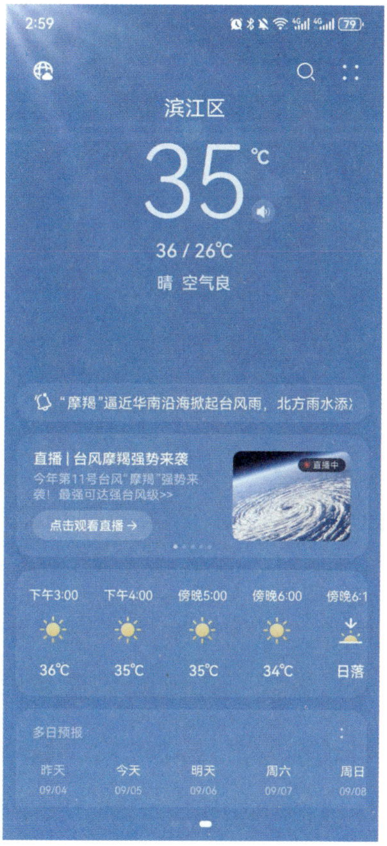

手机“天气”软件界面

来 15 日的天气趋势。

向上滑动天气预报界面，可查看当前空气质量、空气湿度、风向风力等，了解系统给出的穿衣、运动建议。

如果老年朋友要到其他城市旅行，可提前将目的地城市添加到城市列表，以便快速获取当地天气预报。具体操作步骤是，在天气预报界面点击右上方的“…”，在下拉菜单中点击“管理城市”，然后搜索添加城市，即可将其添加到城市列表。此后，打开天气预报界面，在空白区向左滑动页面，即可切换城市查看天气预报。

当需要删除或调整城市列表顺序时，可在“管理城市”页面长按状态条进入编辑状态，即可移动或删除该城市。

二、用微信查天气

需要注意的是，手机上的天气预报分时段预报，可精确到小时级别，不过天气瞬息万变，预报信息只能预测大概率气象。

一般情况下，48 小时内的预报信息是比较准确的，7 天内的预报参考价值较大，10 天以上的预报只能用于大概了解情况。而且，不同品牌、不同系统的手机自带的天气软件，预测的天气数据不尽相同，比如 iOS 系统自带的天气数据来自国外气象部门，和国内气象部门的数据自然有出入。

相比较而言，手机上的天气预报，最

“管理城市”界面

浙江省未来三天天气预报

浙江天气 2024年09月05日 08:46 浙江

天气一览

浙江省气象台今日08时发布

2024	9月5日	9月6日	9月7日
杭州	晴 26-35°C	多云转晴 26-34°C	雷阵雨转晴 26-34°C
宁波	晴 26-34°C	多云转晴 26-34°C	雷阵雨转多云 26-34°C
温州	多云转雷阵雨 26-34°C	小雨 25-31°C	雷阵雨 24-33°C
湖州	晴 25-35°C	多云转晴 26-34°C	雷阵雨转晴 26-34°C
嘉兴	晴 26-34°C	多云 26-34°C	多云转晴 26-33°C
绍兴	晴 25-37°C	多云转晴 26-35°C	雷阵雨转晴 26-35°C
金华	晴 28-38°C	晴 27-37°C	雷阵雨转晴 27-37°C
衢州	晴 27-38°C	晴 27-37°C	晴 27-37°C
舟山	晴转小雨 25-32°C	小雨转晴 25-32°C	雷阵雨转多云 25-33°C
台州	多云转晴 27-34°C	小雨 26-32°C	雷阵雨 25-33°C
丽水	晴 25-38°C	雷阵雨转晴 25-36°C	雷阵雨转晴 25-36°C

通过“浙江天气”了解全省未来三天天气预报

靠谱的应该属气象部门开发的信息平台，比如在浙江，我们可以通过微信搜索“浙江天气”微信公众号，了解全省未来三天天气预报，掌握近期天气变化。

第二节 如何用手机预约景区门票

扫码看教学视频

目前，文化和旅游部门对A级旅游景区严格落实“限量、预约、错峰”要求，这就意味着如果游客不提前预约很可能会白跑一趟。对老年人来说，掌握预约或订购景区门票的方法，可以减少许多不必要的麻烦。今天，我们就来学一学如何用手机预约景区门票。

一、全省综合服务平台预约

我省整合全域精品旅游资源，上线“浙里好玩”文旅综合服务平台，涵盖省内11个地市的大部分旅游景点介绍、交通信息、旅游路线推荐及景点流量数据，方便游客一码扫遍浙江，一机游览浙江。

通过浙里办、支付宝、微信等渠道，都可以进入该服务平台。下面以老年人常用的支付宝、微信两款应用为例介绍。支付宝的打开方式是：打开支付宝主界面，在搜索栏输入“浙里好玩”后点击“搜索”，选择搜索到的“浙里好玩”小程序，即可打开页面。首次点击“景区”图标时，会有授权登录步骤，输入手机号码、验证码后登录。

微信的打开方式是：（1）打开微信主界面，点击下方的“发现”图标，打开“发现”页面；（2）点击“小程序”后，点击右上角的放大镜图标，在搜索栏输入“浙里好玩”，点击“搜索”按键，选择“诗画浙江 浙里好玩”小程序，即可进入文旅综合服务平台。首次点击“景区”图标时，微信要求系统获取手机号、昵称、头像后一键登录，此后无须重复登录。

接下去是找到景区、预订门票的操作步骤。点击“景区”图标，打开“景区”页面，可滑动列表选择景区，也可按价格区间、景点类型、景区等级等进行排序筛选后选择景区，或在上方搜索栏输入关键字或景区名搜索景区。

点击景区图片，打开“门票详情”页面，可查看景区介绍、入园须知、导游导览等信息。目前,“浙里好玩”平台已提供收费景区的普通票在线下单、免费景区的在线预约通道，部分收费景区还提供了 70 岁以上老人等免票人员的预约通道。点击“下单支付”或“免费预约”按键后，按要求选择游玩日期、游玩时段、游玩人数、联系人、参观人信息等，点击“提交订单”按键，完成预订后订单即生效。

【温馨提示】下单或预约成功后，会收到订单短信通知。凭电子票券到检票口直接扫码或刷身份证即可入园；持有半价票与免费票，需游客携带有效证件，前往游客中心，办理取票入园手续。

二、景区官方公众号预约

“浙里好玩”平台查询不到景区怎么办？景区介绍页面没有提供免票人员的预约通道怎么办？

当前，浙江省不少旅游景区正以数字化为手段，对服务系统进行适老化改造，在景区全面推广移动支付的同时，保留线下预约和购票等场景。这就意味着，老年人如果不能在“浙里好玩”平台在线订到优惠票，也可以到景区人工售检票服务窗口换取免费票或买到半价票。

“实行预约制是为了控制人流，不过并不是所有景区都会满员。”“浙里好玩”平台客服对此作出解释，如果老年人无法在平台上预约的话，一般是可以凭身份证在现场购票换票的。需要注意的是，每个景区的优惠政策不一样，最好提前拨打景区电话咨询一下。

目前，杭州部分重点景区经过适老化改造后，已实现 70 岁以上老年人直接凭身份证在检票闸机上刷卡通行的功能。此外，针对 60 岁以上 70 岁以下半价优惠的老年人，一些景区设置了“老年人服务专属窗口”，通过读取身份证实现预约和实名入园双服务。

那么没有入驻“浙里好玩”平台的景区，该如何预约呢？以杭州西湖西

“浙里好玩”主界面

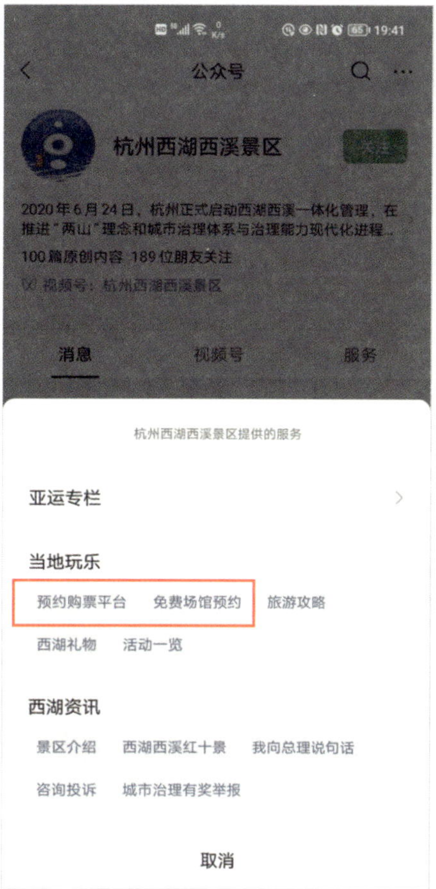

景区微信公众号提供预约购票通道

溪景区为例，该景区通过微信公众号提供了购票、预约通道。

具体操作步骤是：（1）打开微信主界面，点击右上角的放大镜图标，搜索“杭州西湖西溪”；（2）选择“杭州西湖西溪景区”公众号，打开公众号页面；（3）点击菜单中的“服务”，打开服务页面，点击“预约购票平台”，打开景区列表；（4）选择要游玩的景区，进入“景区详情”页面，该页面提供了半价票和免费票的预订；（5）查看预订须知，选择合适的预约票类型，在“门票订单”页面选择游玩日期、人数，填写联系人信息后，即可提交订单。

【温馨提示】老年朋友在某个微信公众号上无法预约免费或半价门票时，最好先打电话向景区咨询一下入园规则。

三、地图软件预约

前往景区、博物馆、展览馆等公共场所，一般要提前预约购票。目前，高德地图、百度地图都已开设景区购票通道。

在浙江，60 至 69 周岁老年人凭有效证件，前往政府投资主办的公园、博物馆、展览馆、旅游景点等公共场所，享受门票半价优惠；70 周岁及以上老年人一律免票。老年人在预约购买门票时，需详细了解免票、优惠政策，选对购票项目，以及退票、取票等要求。建议通过旅行目的地官方微信公众号进行预约购票。

第三节 地图软件有哪些实用功能

出门在外，不管是开车、坐车还是步行，常常要用地图软件导航；旅游时，更需要地图软件来搜索景点，查询各种服务。

扫码看教学视频

最近，70 来岁的苏阿姨很担心坐公交的问题，因为天气转冷，加上城郊公交车班次较少，在站点等车得花上大半个小时。不过，在志愿者帮助下，苏阿姨开始使用地图软件上“实时公交”功能，她在家里就可以查看公交车的实时位置，安排好出门时间，不紧不慢就能赶上车子。

地图软件蕴藏着许多适合老年人的实用功能，今天，我们就来一一了解。

一、用地图软件导航

出行导航是地图软件的首要功能，其中包括驾车、打车、公交地铁、骑行、步行等模式。打开地图软件，在搜索栏输入目的地，系统会根据起点到终点的路程、拥堵情况、红绿灯多少等数据信息预测行程时间，推荐最优路线，行进途中还会根据交通动态信息，实时计算前方拥堵路段及距离，视情况自动开启智能避堵模式。

其中，“公交地铁”模式会根据起止位置，自动匹配公交、地铁线路，预测行程时间、沿途需要步行距离，以及最近的公交、地铁到站时间。可以选择系统推荐的路线，或按地铁优先、步行少、换乘少等个性化要求切换出行安排。

在使用地图规划公交路线时，还可以查看部分公交起点、终点全景图。

此外，地图软件在首页显要位置设置“实时公交”图标，点击进入后，可在搜索栏输入“公交线路”，查看最近的公交车开到哪里，还有几分钟到站。

用地图软件查“实时公交”

二、用地图软件打车

高德地图和百度地图 App 都提供打车功能。点击首页功能区“打车”或底部“打车”图标，进入打车页面，输入起点和终点后，系统会推荐一批车型供选择并预估价格。选定车型后，既可立即打车，也可选择出发时间后预约打车。

高德地图 App 还提供“助老打车”功能。进入“打车”页面，选择“助老打车”。该模式使用大字号，去除不常用功能，让老年人看得更清楚，用得更简单。“助老打车”起点可以自动识别，目的地可以在上车后与司机面对面沟通，老年人不需要手动输入，全程只需要点一下“呼叫出租车”，就可以实现“一键叫车”。

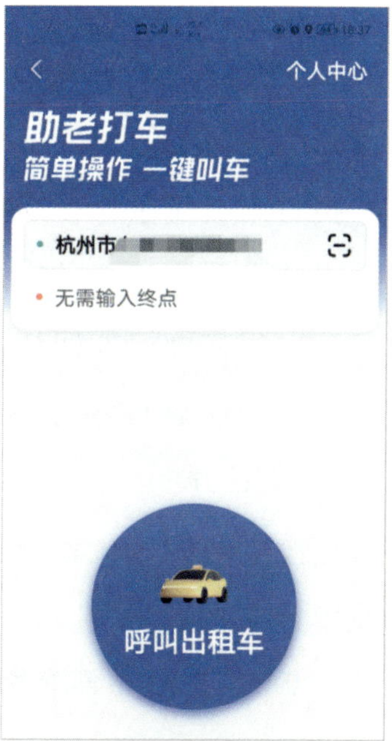

高德地图 App“助老打车”界面

抵达目的地后，老年人可以选择现金支付，不用担心没有开通电子账户。

高德打车还支持亲属代叫车，老年人的亲属可以在普通打车模式下输入起点、终点，选择乘车人，填写老年人手机号和姓名。司机可以直接与老年人取得联系，行程结束后，由叫车人支付。

三、使用“附近”功能

高德地图和百度地图 App 都提供丰富的“附近”功能，涉及吃、住、行、玩、游、购等服务。

在高德地图首页点击底部的“附近”，进入“旅游”页面后，可查看附近和周边地区热门景点、门票等信息。点击某个景点，既可查看该景点的介绍、游玩项目、游客评价等，还可以在线购买门票或导航前往。

在百度地图首页点击底部的“周边”，进入“景点”页面，其中除景点介绍、门票信息外，还可以查看景点实时人员流量，在线导览景区、收听语音讲解、自定义旅游路线。

用地图软件找附近的厕所

出门在外，如何快速找到附近厕所？在地图软件中搜索“厕所”，点击页面下方的“附近”或“周边”，再点击厕所图标，就可以找到附近厕所。点击“路线”按钮，即可在步行导航模式下找到厕所。

四、使用“图层”功能

在地图软件首页，有一个容易被忽视的功能，那就是“图层”。对于日常公交出行较多的老年人来说，可在高德地图首页点击右上角的“图层”，切换到“公共交通”模式。此后，在高德首页就可直接看到周边公交地铁信息，省去在出发前手动查找的麻烦。

此外，只要在高德地图首页上拉列表，找到“常用地点”，完善家庭住址信息，就可智能获取对应的回家最优公交线路规划。用户到了陌生地点，也无须再在手机上搜索查找从当前位置怎么乘坐公交或地铁到家，在地图首页就能看到，点击后还能展开具体换乘与步行方案，一目了然。

在百度地图中，将“图层”切换成“街景地图”模式后，点击地图上的位置就可以查看该位置及周边街景。这个“街景时光机”还可以根据年月查看历史街景。

五、查询城市限行政策

包括杭州在内，国内一些城市对本外地车辆实行错峰限行，如果老年朋友开车去外地，要提前了解目的地城市限行政策。目前，高德地图 App 可提供这方面查询服务。

点击高德地图首页常用功能区“更多工具”，进入页面后向上滑动，在“小工具”里点击“限行查询”，选择或输入要查找的城市，即可了解该城市对本外地小客车、货车的限行政策。

在高德地图 App 上，使用“限行查询”服务，可查询国内城市限行政策

第四节
公交地铁出行攻略

人间最美四月天，踏春赏花正当时。要想来场说走就走的旅行，得做哪些必要准备？今天，我们以公交地铁出行为例，聊一聊短途出行攻略。

“我们老年人出行主要靠公交车，虽说时间不是主要问题，不过经常要在公交站等上一段时间，也不是很方便。有什么办法可以提前知道车子到哪里了，这样就可以计划好出门时间，减少等待。”来自温州市龙湾区的张阿姨发来求助信息。张阿姨家住龙湾城市中心区，她常常要乘坐 49 路公交车去鹿城区的儿子家，不过这趟跨城区的公交车，班次比较少，一旦错过一趟车，经常要等半小时左右才来下一班。

其实，对于班次少的公交线路，我们在出门前可以先在手机上查一下距离最近的车还有多远，预留好步行时间，稍早一点到达公交站，做到有条不紊。

一、支付宝出行查询实时公交

支付宝出行板块内嵌了电子公交卡、公交线路查询等功能，能查询各地的公交线路。

具体操作步骤是：(1) 打开支付宝主界面，点击上方的“出行”图标进入出行页面，系统会自动定位所在城市，也可手动切换城市；(2) 点击“公交”图标进入公交页面，点击该页面右下角的“去看看”或“更多实

支付宝内嵌“高德实时公交”小程序，可以查询公交车实时位置

时公交”，进入“高德实时公交”小程序，此时会自动显示附近的公交站点和线路。

目前，已有多个城市启用公交实时查询，在“高德实时公交”平台能自动查询到附近的公交，以及最近班次公交与站点的距离和预计到达的时间。点击车次打开“线路详情”页面，切换线路方向，即可查询到双向车次的运行情况，以及某个站点最近两辆公交的到站时间、剩余站数。“线路详情”页面上方的地图，能直观显示线路上正在营运的公交位置。

也可在“高德实时公交”页面的搜索栏直接输入公交站点，查询到站点附近的公交，或输入线路（如 8 路），查询到线路详情。

二、地图软件查询实时公交

高德地图、百度地图等常见导航软件都提供了实时公交的查询功能，大家可以根据自身喜好选择使用其中的一款。以百度地图为例，打开软件后，点击“实时公交”图标进入“百度实时公交”页面，能自动查询到附近的公交地铁，点开公交班次时能看到线路上正在营运的公交车位置，有的还能显示最近班次的到达时间。

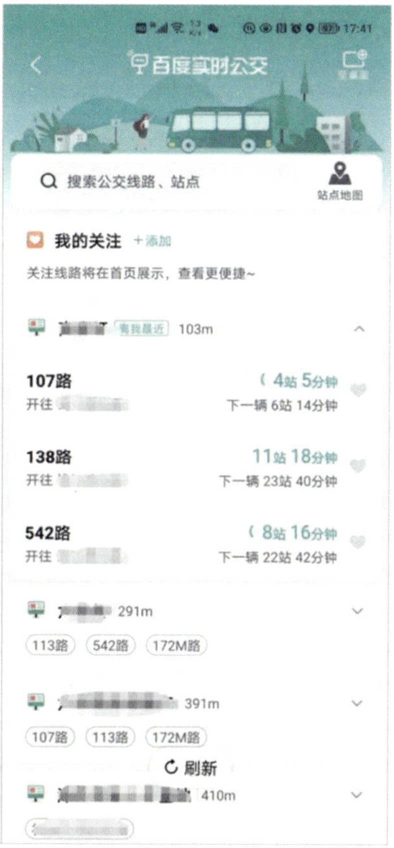

“百度实时公交”页面

如果我们不知道该坐哪路车去往目的地，可在导航软件中规划一下乘车路线。打开地图软件，点击“公共交通”图标，在搜索栏输入要去的地方，既可搜索到系统推荐的线路，也可设置“地铁优先”“少步行”“少换乘”等条件选择合适的线路。点开线路后，能看到全景线路图、换乘方式，以及最近车辆到站时间。点击左下角的“收藏”，可将此路线添加到“收藏夹”，方便以后快速调用；点击“截图”，可将完整的公交线路保存到手机图库里，在乘车时方便对照，以免坐过头；点击“分享”，可将该路线分享给好友。

三、微信公众号查询实时公交

一般来说，城市公交部门都会通过开设微信公众号，提供公交线路的查询功能。例如，在微信上搜索“杭州公交”，进入官方公众号，点击“线路查询”，即可查询所乘线路最近一班公交的距离。

搜索“温州交运”微信公众号或小程序，能进入温州交运综合服务页面，除了查询实时公交，还能享受公交卡充值等服务。

从总体上看，各地公交部门通过微信公众号提供的公交线路查询、线路规划等功能并不丰富，有的只能查询到线路图，不能看到公交实时位置；有的显示公交实时位置，但不能提示最近班次的预计到达时间。相对来说，地图导航软件提供的线路查询规划、信息分享等功能更加丰富，比较适合老年朋友。

四、如何申领乘车码

60 周岁以上的老年人只要办理了某城市的老年乘车卡，就能享受当地指定线路公交、指定时段地铁的减免优惠政策，不过对于临时去往某个城市且没有办理老年乘车卡的人来说，有必要通过支付宝申领一张当地的电子公交卡。

打开支付宝后，按“出行—城市选择—公交—前往查看—勾选同意事项—立即开通扫码乘车”的操作步骤，即可申领到当地的公交乘车码，下次使用时不用再重新申领。乘车时，打开支付宝，按“出行”“公交”的操作步骤打开电子公交卡，也可在查询到的“线路详情”页面直接调取乘车码，在公交终端扫码后即可完成支付。

第五节

如何用手机租还公共自行车

扫码看教学视频

“没有杭州市民卡，能租到当地的公共自行车吗？”来自绍兴市柯桥区的叶阿姨发来咨询信息。

叶阿姨喜欢绿色出行，除了乘坐公交车外，常会租公共自行车作为短途代步工具。春天樱花、玉兰、郁金香盛开，她特地约上老友坐地铁来杭州四处赏花游玩。在西湖景区，叶阿姨常看到游客踩着“小红车”“小黄车”环湖游玩，于是萌生了租辆公共自行车逛景区的念头。

“骑车相比步行效率更高，也更省力，而且，城市公共自行车有专人管理，骑起来比较放心。”叶阿姨想知道如果不去办理租车卡，还有什么办法能租到“小红车”。

早在2021年初，杭州就推出“扫码租车免押金”服务。市民游客只要通过信用免押进行实名认证后，无须缴纳200元信用保证金，就能实现免押金租车。

今天，我们以杭州公共自行车为例，介绍如何用手机租车、还车以及常见问题的解决方法。

一、开通免押金租车

在杭州用手机租公共自行车，要用到“叮嗒出行”，可通过安卓应用市场或者苹果App Store搜索“叮嗒出行”下载安装App，

“叮嗒出行”主界面

或通过微信、支付宝搜索打开“叮嗒出行”小程序。

办理免押金租车业务需要经过实名认证操作，具体步骤是：（1）打开叮嗒出行主界面，点击上方的“立即认证”；（2）填写个人真实姓名、身份证号，点击“提交审核”；（3）实名认证完成后，选择“0 元免费开通”；（4）阅读并同意信用免押协议，点击“确认开通”即可开通免押金租车。

之后，无论是通过“叮嗒出行”App，还是通过微信、支付宝小程序，均可直接租用“小红车”，不再需要缴纳信用保证金，而且可以在其他支持叮嗒出行租车的城市使用。

【温馨提示】1. 每一个账号和实名认证对应，因此在认证过程中要填写准确信息，如需修改或注销，可联系杭州公共自行车客服或“叮嗒出行”客服。2. 当开通信用免押后，同一账号将无法再通过缴纳信用保证金的形式租用“小红车”。

二、用手机租车还车

扫码租车时，打开“叮嗒出行”App 或小程序，点击“扫码租车”按键，扫描锁桩上的二维码，即可成功租车。或点击支付宝“出行”，打开“骑行”页面，也能扫码开锁。目前，租金为 1 小时内免费，第 2 个小时起每小时 1 元（不足 1 小时的按 1 小时计），单日单次 5 元封顶，支持无限续租。

使用途中需要临时锁车，可将车头辫子锁穿过前轮后插进车身锁孔，并拔走钥匙。

杭州所有公共自行车服务站点都能 24 小时通租通还。还车时，只需将车推入锁桩，待锁止器上锁，绿色指示灯闪烁后恢复长亮，听到“还车成功”语音提示即可。如产生费用，可立即结算也可下次租车前结算。

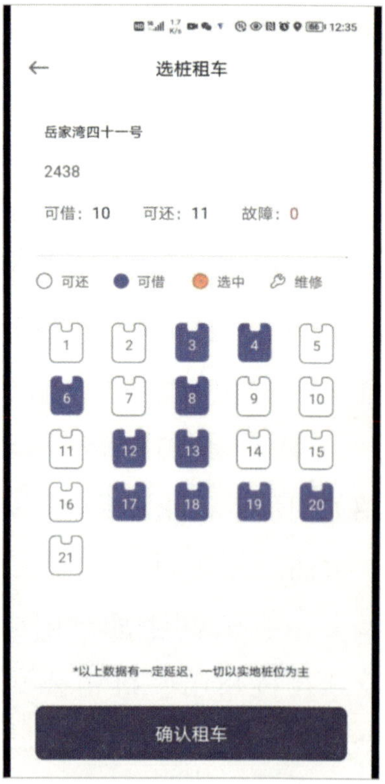

“选桩租车”页面

若还车后软件未结束租车状态，可能是由于网络异常导致信息未及时反馈所致，可通过刷新软件解决；也可能是车桩锁止器还没上锁的缘故，可以重新将自行车推入锁桩。如果依旧未结束租车状态，请及时拨打服务热线。

三、使用电子锁小红车

细心的老年人会发现，杭州不少有桩公共自行车旁边，多了地面画有黄色框线、标注“公共自行车”字样的区域。只需将小红车放置于区域内，就可以实现租车还车。

这个被称为“无桩电子围栏”的公共自行车租赁点，每辆自行车上都有一个明显特征，就是车座底下都加装了黑色电子锁，锁上都有一个二维码，能轻松实现扫码租车。还车时，可将电子锁小红车还至实体桩，也能还至“电子围栏”内，租还车过程比有桩车更加便捷。

其原理是电子桩发出电子信号，当车辆处于电子桩设定的范围内时，便可与电子信号进行连接，实现实时还车。

需要注意的是，如果电子锁小红车不处于电子桩设定的范围内则无法进行还车操作。

四、电子锁小红车临时停车

当我们骑着电子锁小红车去买菜或办事，临时要将车锁在路边，买完菜或办完事再来骑车，该如何操作？

这时，我们要用到小红车的“临时停车”功能，可以通过“叮嗒出行”实现。

临时停车时，先确认下周边环境，不要将车辆停在影响他人通行的位置，然后用微信或支付宝 App 扫描车辆二维码打开“叮嗒出行”，点击“临时停车”按钮，确认“临时锁车”，然后扣上电子锁。当需要解锁继续骑

“叮嗒出行”的“临时停车”界面

行，在“叮嗒出行”上点击“继续骑行”按钮，则会自动开启电子锁，解除临时停车状态。

需要注意的是，在临时锁车期间，车辆是正常计算时间的。而且，不要在启用“临时停车”功能后，直接将车辆推入电子桩区域内还车，这样车辆依旧处于“临时停车”状态，会持续计算时间。

正确的做法是，先在“叮嗒出行”上点击“继续骑行”按钮解除临时停车状态，再在电子桩区域内完成还车操作。

此外，电子桩限定还车不限定租车。也就是说，电子锁在电子桩区域外不能上锁还车，但可以上锁临时停车，使用了“临时停车”功能的车辆等于是被租用的，自然也就无法被再次租用。

五、查找附近的车位

“叮嗒出行”提供“查找附近车位”功能。打开主界面，就能在地图上看到一个个蓝色气泡，显示附近公共自行车位的可借、可还状态。点击气泡还能查看到站点名称、编号、可借可还数量。点击主界面左下角放大镜图标进入搜索页面，可查看附近的站点情况，也可手动输入目的地查询。

软件还提供“选桩租车”功能，详细显示站点可还、可借、亲子车、故障车位的数量，有需求的市民游客可以提前查看周边点位情况。

【温馨提示】“选桩租车”并不代表对车辆进行“预约”，一旦选择车位、确认租车，车辆即开锁（30 秒内未取车会自动落锁还车），不及时取车会存在遗失的可能。

六、车桩满架时延时还车

一般来说，市民游客在短途租车代步时可在 1 小时之内还车，或续车（还一下租一下，然后又可以继续免费骑行了），不过有时会遇到服务点车辆满架，无法还车或续车的尴尬，这时可以使用延时还车功能。选择这个功能后就相当于重新租了一次车。

用“叮嗒出行”租车成功，页面开始计时，按住滑动“延还换车中”按钮，弹出选择框，选择延时还车时间，下方出现对应的价格，选择好后点击“确认延时”按键，出现确认延时还车弹窗，点击“确认”。此时，首页下方出现“延时还车中”提示，显示延时倒计时，也可提前点击延时还车按钮提前还车。

【温馨提示】租一次只能延时一次，延时的时间段可调，延时费率对应自动调整。一般，延时费率为延时 1—2 小时不收费，延时 3 小时收 0.5 元，延时 4 小时收 1 元，延时 5 小时收 1.5 元，延时 6 小时收 2 元，延时 7 小时收 2.5 元，延时 8—9 小时收 3 元，一次最多延时 9 小时。

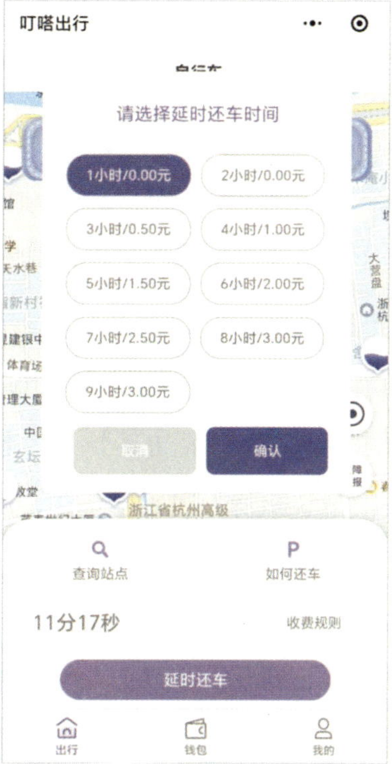

“叮嗒出行”的“延时还车”界面

第六节　旅游这些事，手机全搞定

春节假期结束，随着孩子们陆续回到自己的工作生活地，家住温州市龙湾区的王大伯盘算起春游计划来。王大伯寻思着，元宵节后国内机票、酒店价格会“大跳水”，出游比较划算，而且自己家离机场不远，和老伴打“飞的”出去踏春是不错的选择。

扫码看教学视频

如何用手机“淘”到优惠的机票，解决旅游出行那些事儿，今天我们就来学一学。

一、预订机票

用手机预订机票有多种途径，如携程、飞猪、去哪儿等第三方平台，支付宝、微信等常用软件也提供了一站式解决方案。我们以支付宝和微信这两款软件为例，介绍预订机票的流程。

支付宝提供了预订机票、火车票等丰富的“出行”服务

用支付宝预订机票的具体操作步骤是：(1)打开支付宝主界面,点击上方“出行”图标，打开“机票”页面;(2)选择出发地、目的地、出发日期，查询机票，航班信息页面可直接切换日期查询对比机票价格;(3)选择合适的航班后,点击预订按键,打开支付页面;(4)核对航班信息、特价机票出行政策，如行李托运规则、退改签规则等;(5)去除不必要的额外服务，选择或新增“乘机人”信息，再次确认航班信息，勾选同意协议选项，完成支付后即可出票。出票成功后，手机会收到相关信息。

如果用微信订机票,打开微信后,依次点击“我”“服务”“火车票机票”，打开“同程旅行”页面，接下去的步骤和支付宝操作类似，选择出发地、目的地、出发日期，即可查询到不同时段的航班情况。选择或新增“乘机人”信息，确认航班信息，完成支付后即可出票。

二、预订火车票

我们也可以通过支付宝、微信预订火车票。以支付宝为例，订火车票的具体操作步骤是:(1)打开支付宝主界面，点击上方“出行”图标后，打开“12306”页面;(2)分别选择出发地、目的地、出发日期，点击“查询车票”按键，即可查询到各个时间段的火车票信息;(3)点击火车票信息时，会下拉显示二等座、一等座、商务座的票价和余票信息；（4）如果没有注册过铁路 12306 账号，在点击“预订”按键时会进入铁路 12306 登录界面，点击下方的“用户注册”进入注册页面，按要求填写用户名、密码等信息，勾选同意选项，提交后即可完成注册；（5）在“确认订单”页面，可添加多个乘车人，按要求输入姓名、证件号码、手机号码等信息即可；（6）完成在线选座，点击“提交订单”按键，支付后，手机会收到相关出票信息。

【温馨提示】如果车票被标记了候补，那说明你想买的车票已经卖完，建议避开这个时间，也可以预付款提交候补订单，后期若有人改签或退票，系统将自动按排位分配车票。

三、预订酒店

能预订酒店的手机软件有很多，如携程、去哪儿、艺龙、飞猪等。以飞猪为例，具体操作步骤是：（1）打开支付宝主界面，在上方搜索栏输入“酒店”，点击“搜索”；（2）选择“飞猪酒店”小程序，打开“飞猪旅行”页面；（3）选择目的地、入住离店时间后，点击“搜索酒店”按键，搜索到目的地酒店，可按条件进行筛选排序，或按关键字进行搜索；（4）选中合适的房型，点击付费就完成预订。

微信提供了预订酒店、打车等丰富的“出行”服务

通过微信预订酒店的步骤是，打开微信主界面后，依次点击“我”“服务”“酒店”，打开“同程旅行”页面，分别选择目的地、入住离店时间等项目后即可查询酒店，还可按条件进行筛选排序，选中合适的房型，点击付费就完成预订。

【温馨提示】同等房型在不同平台有不

同优惠力度，我们可以货比三家，找到心仪的酒店。一般来说，如果是游山玩水的话，可以预订度假山庄、民宿之类的酒店，这类酒店一般多靠近风景区。如果要参观市区人文景观，可预订商务观光类酒店，交通便利，能满足旅游的综合需求。

四、打网约车

我们到达旅游目的地机场或火车站后，一般都要乘坐公共交通或者打车前往酒店。下面介绍通过支付宝打车的方法。

具体操作步骤是：(1)打开支付宝主界面，点击上方“出行”图标，打开“打车”页面；(2)分别输入上车点和目的地，同意系统获取权限，选择合适的网约车类型，点击“立即打车”按键，此时会要求用户登录，可用支付宝账号一键登录；(3)系统会自动呼叫附近的网约车，司机接单后，平台上会显示网约车的距离和车程。

我们可以在打车平台使用预约功能，在输入出发地和目的地后，选择计划出发的时间，这样司机会按预约时间来接，我们的旅途会更加从容。

此外，当我们乘坐飞机出行时，可以使用打车平台的接送机服务。输入航班号后，系统会将航班动态信息同步发送给司机，便于准时接送。

【温馨提示】外出旅游，一定要在手机里安装一款导航软件，方便查询目的地、规划路线。

第七节 如何使用语音导航

自驾出行，一般都会用导航，但是要临时查点什么，得停下车来手动输入，非常不方便。现在只要开启地图软件的智能语音助手开关，就可以直接用语音来操控应用，比如，喊“小德小德”或“小度小度”，地图软件的语音助手就会被唤醒，可以直接执行搜索目标、规划

扫码看教学视频

路线等操作。

下面，我们以高德地图和百度地图 App 为例，学一学语音助手的开启方法和使用技巧。

一、高德地图如何唤醒小德

想要使用高德地图 App 来语音导航，需要先开启语音助手的“唤醒”开关，可通过以下两种方式开启。

方式一：打开高德地图首页，点击搜索栏右侧的麦克风图标，打开智能语音助手，然后点击“设置”进入“小德语音助手”页面，打开“语音唤醒功能”开关即可。

方式二：打开高德地图首页，按照“我的—设置—语音设置—语音助手”的步骤，打开“语音唤醒功能”开关。

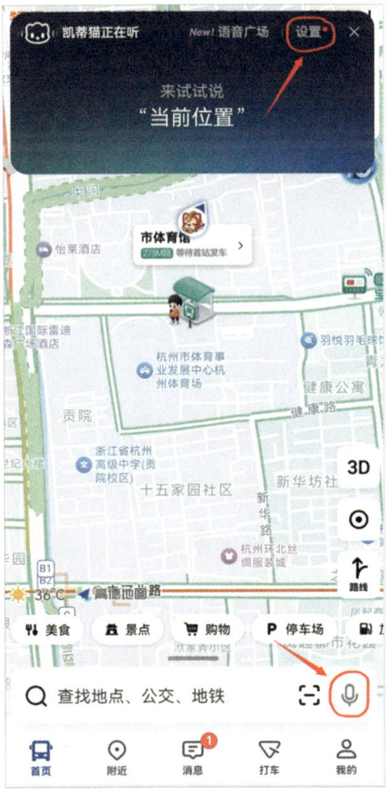

高德地图首页，点击麦克风图标

语音唤醒“小德”或“小度”，添加途经点

此后，在运行高德地图后，对着手机说出“小德小德”或“你好小德”，机器人小德就会应答。

比如，你要去杭州植物园，对话过程大致如下：

“小德小德。”“请说。”“导航到杭州植物园。”“去杭州植物园，全程 4.2 公里，约 15 分钟到达，需要导航吗？”“需要。”“准备出发，全程 4.2 公里，大约需要 15 分钟，前方右转……”

接下来就可以跟着导航去目的地了，非常方便。

如果行车途中需要加油或上厕所，可在导航过程中利用语音唤醒功能，让地图软件添加一个途经点，直接对手机导航说：“小德小德，去附近的加油站。”

后面的对话大致是：

“顺路找到多个加油站，最近的距离 2.2 公里，途经这里可以吗？”“可以。”“已为你规划途经加油站的路线，120 米后右转……”

加完油之后，就可以继续跟着导航去终点目的地了。

小德语音助手不仅可以规划路线，还能播报天气，比如，问小德：“明天的天气怎么样？”小德就会播报最新的天气预报。

需要注意的是，如果没有开启麦克风权限，是无法唤醒小德的。

打开手机桌面的“设置”，依次点击“应用”“权限管理”“麦克风”，找到高德地图，将选项设为“仅使用期间允许”。

随后返回地图，即可呼叫小德。此外，

百度地图助手设置页面

如果麦克风被电话、音乐、微信等程序占用，或连接蓝牙设备时，部分手机会出现无法唤醒小德的情况。

二、百度地图如何唤醒小度

百度地图 App 语音助手的开启方式为：在百度地图首页点击右上角麦克风图标进入智能语音助手页面，然后点击“设置”进入“助手设置”，打开“语音唤醒功能”开关。

此后，运行百度地图 App 后，对手机说“小度小度”，即可唤醒智能语音助手，搜索目的地，规划出行路线，搜索周边信息。比如，对小度说：“附近有什么好吃的？”百度地图会迅速给出周边餐馆的搜索结果。

第八节 如何使用步行导航

来到一个陌生地方，你是否遇到过容易迷路的“最后一公里”？当你下了公交车、出了地铁站，或是将自驾车辆停好后，在去往目的地的最后几百米，是不是不太容易找到方向？

扫码看教学视频

下面，我们以高德地图和百度地图 App 为例，学一学如何通过地图软件的步行导航功能，快速精准地抵达目的地。

一、使用步行导航功能

不管用高德地图还是百度地图 App 来导航，只需在搜索栏输入要去的地点，点击搜索按钮，地图上就会出现多个结果，选择你要去的地方，出现详情页面，然后点击右下角的路线按钮，地图会为你推荐前往目的地的路线。

左右滑动出行方式栏，选中“步行”即可将出行方式调整为步行。点击“开始步行导航”按钮，就能让手机来指路了。

步行导航开始时，如果分不清前行方向，可水平转动手机，让当前位置

高德地图 App 步行导航界面

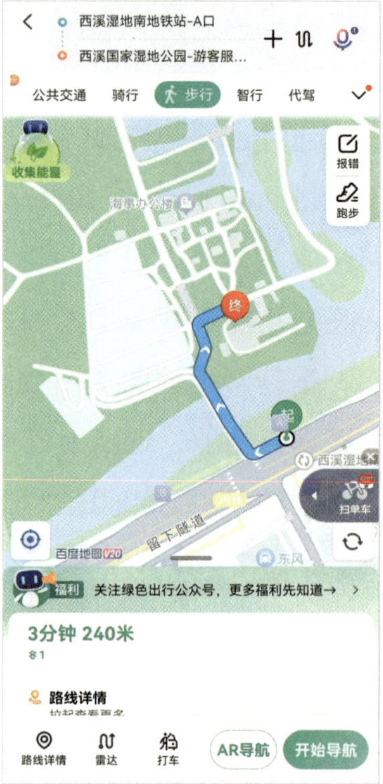

百度地图 App 步行导航界面

所示的箭头随之转动，当箭头方向与导航路线吻合时，即为正确的前行方向。接下去，就可以跟着导航一步步接近目的地。导航界面还会实时显示行走的距离、时间、消耗的能量等信息。

高德地图在步行导航界面，还提供了“轻导航”功能，即“熟路模式”，也就是让导航系统处于全览模式下，仅播报前方的路况信息，并不给出详细的路线播报。

二、使用实景导航功能

高德地图和百度地图 App 都提供了 AR 实景导航功能，也就是将路线指引信息展示在真实世界中，使步行指引更清晰。

进入步行导航页面后，抬起手机将手机背面的摄像头对准前方道路，即可使用 AR 导航模式，蓝色方框中是当前方向需要继续行走的距离，蓝色箭头表示前进方向。

将手机从竖直方向转换为水平方向，即可使用普通步行导航模式。当需要再次开启 AR 步行导航时，可以竖直手机，使手机后置摄像头向前，就可以自动开启 AR 步行导航了。

若切换失败，可确认 AR 设置内 AR 导航开关是否开启。具体操作步骤是，在导航过程中，点击右下角的“设置”进入“导航设置”页面，打开 AR 实景导航开关即可。

高德地图 AR 步行导航模式

AR 导航开启后，你可以跟随实景中的路线指引来行走，在直行路段时，将看到直行指引标；在靠近转向道路口时，将看到转向指引标；在靠近目的地时，将看到终点标志；当画面中无指引时，可跟随路线指引的指示标转动手机，找到路线；当用户接近并途经地下通道时，无须额外操作，即可根据导航界面上清晰的箭头指引，准确找到出口。

高德地图将 AR 导航与传统 2D 地图同屏展现，上面为 AR 画面，底部为 2D 地图，仍显示用户当前定位与传统导航引导，两种模式相互参照，帮助用户轻松找回方向感。

需要注意的是，为了你的安全起见，建议在路口等车辆较多的地方放下手机，注意步行安全。此外，如果你在使用时发现 AR 导航路线方向不准或罗盘方向不准，可按照提示拿着手机画 8 字进行方向校正。

第九节
自驾出游常备应用

国庆假期来临，苏大伯夫妇打算外出旅游。这次，苏大伯计划省内五日游。虽说自驾游可以说走就走，不过一旦遇到高速路况不好、目的地找不到充电桩等情况，还是会影响心情。于是，苏大伯在手机上搜罗各种出行应用，好让自己从容应对旅途中可能发生的各种情况。

扫码看教学视频

自驾出游要在手机上常备哪些应用？今天，我们一起来了解。

一、查询天气情况

自驾出行首先要了解近期的天气情况，根据目的地气温变化携带合适衣物。

不管是 iOS 系统还是安卓系统的手机，都会默认在手机里安装天气软件，有的会在首屏上方显示当天的天气情况。点击天气图标，即可进入详细的天气情况页面，查看当天天气情况、当天每个时段天气情况、未来几天天气预报，以及空气质量、舒适度、风向风力等。这些指标，能为你的出行提供参考。

点击页面右上角的“…”，可对城市进行管理，添加目的地城市，方便了解不同地区的天气情况。

二、查询高速路况

自驾出游，少不了用地图软件来规划线路，像高德地图、百度地图等常见的软件都能轻松规划线路，提供出行建议。如果想身临其境查看高速上的监控视频，那就离不开“浙里畅行”。

打开微信，搜索“浙里畅行”公众号，或打开“浙里办”App，搜索“浙里畅行”，都可以进入“浙里畅行”应用，查看高速公路实时运行情况。将“监控视频”和“高速路况”结合起来使用，既能通过地图上道路的颜色来判断是否拥堵，获取系统推送的高速公路施工、交通事故等信息，还能直接选取某一路段查看视频监控，将道路拥堵情况尽收眼底。

如果想了解某个高速服务区有哪些设施、有什么好吃的，点击地图上的服务区图标查看详情，就可以获取该服务区详细介绍，包括服务区名称、地址、停车位、加油站、商铺、汽车维修站等信息。还可以点击“示意图”，看到该服务区的模型，直观了解服务区出入口、停车位、卫生间等设施分布情况。

三、申请入杭通行证

如果你驾驶的非浙 A 号牌小客车要在工作日高峰时段进入杭州错峰限行区域，需要申请报备并取得“电子通行凭证”。具体操作步骤是，打开支付宝或“浙里办”App，搜索“非浙 A 急事通”，可以进入申请页面。按要求填写车辆号牌、号牌种类，以及申请通行日期、时段等信息后，即可申请到“电子通行凭证”。

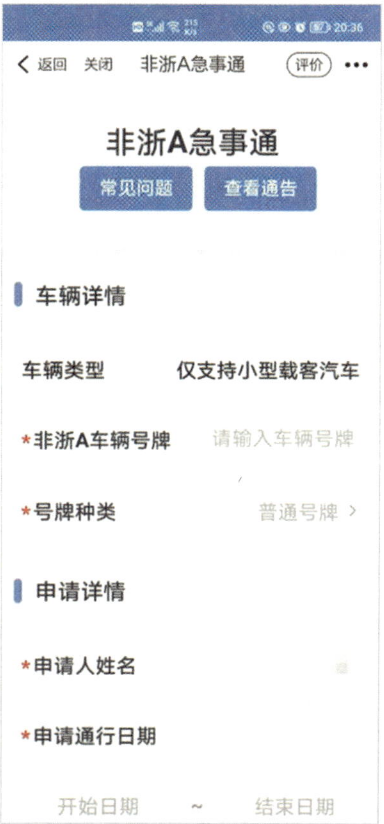

“非浙 A 急事通”申请页面

需要注意的是，本省“非浙 A 号牌”小客车，一个自然年度内允许通行的次数不超过 24 次，且每个自然月不超过 3 次。

四、查询附近充电桩

在外旅游，当新能源车快没电了，如何查找附近充电桩？这里介绍两种查找充电桩的方法。

一个简单实用的方法是打开高德地图等手机导航软件，搜索“充电桩”，即可在地图上显示附近充电桩分布情况。移动地图，系统会在新区域自动搜索并标注充电桩图标。点击图标，可显示该充电桩名称、位置、剩余数量、电价等信息，还可直接导航到目的地。

也可打开支付宝或“浙里办”App，搜索“一键找桩”，进入页面查询附近的充电桩。移动地图，新区域会显示空闲充电桩图标。点击图标，可查看空闲数量、充电电价、停车费等信息，也可一键导航到目的地。

五、查找公共厕所

出门在外，如何快速找到附近的公共厕所？最简单的方法是通过导航软件来搜索。打开高德地图、百度地图等常用导航软件，搜索“公共厕所”，即可在地图上找到附近公厕，点击公厕图标即可显示公厕信息，可直接导航前往。

如果你在景区内部，可以试试“浙里办”App的“找旅游厕所”功能。打开“浙里办”App搜索关键词“厕所”，点击进入“找旅游厕所”服务后，系统会在地图上标注景区公厕分布情况。

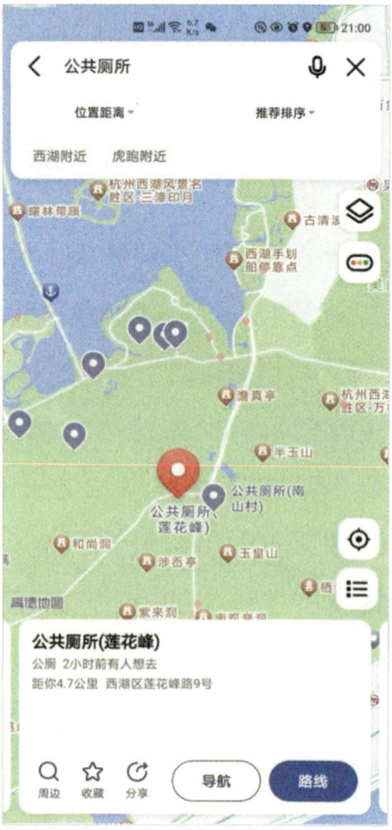

通过手机导航软件找公共厕所

第十节 如何使用导航躲避拥堵

司机朋友或许有这样的经历：每天都在熟悉的道路上开车，但有时因为不知道前方出现了拥堵路况而没能及时避开，以至于长时间堵车而影响了心情。其实，如果我们用好地图软件的“避堵”功能，在出行前规划一下路线，或在行车途中让导航来智能指路，绕开拥堵黑点，或许能省下不少时间。下面，

扫码看教学视频

我们以高德地图和百度地图 App 为例，学一学避免堵车提高通行效率的技巧。

一、规划行车路线

在前往目的地前，我们可以提早用地图软件规划一下路线，看看沿途道路是否畅通，然后选择一条路程最短或者耗时最少的行车路线。

在高德地图或百度地图 App 首页搜索栏输入目的地，点击“搜索”按钮，在搜索到的地址中点击右下角的“路线”或“到这去”按钮，进入路线规划页面。随后，左右滑动出行方式一栏，将出行方式调整为“驾车”。

一般情况下，系统会推荐多个出行方案供选择，其中包括预测的行车距离、行车时间，并在地图上以不同颜色来代表道路畅通程度，绿色表示畅通、橙色表示缓行、红色表示拥堵、深红色表示严重拥堵。

切换出行方案，选择一条路程最短或耗时最少的行车路线即可。

二、开启避堵功能

很多时候，光靠我们自己规划路线是不够的，路况瞬息万变，即便事先查询，也不能保证所选择的路段一定不会堵车。这时，就有必要打开地图软件的“避堵”开关，让它实时计算前方拥堵路段及距离，适时给出避堵建议。下面介绍几种打开“避堵”开关的方法。

方法一：打开高德地图或百度地图 App 首页，依次点击“我的”“设置”“导航设置”，将“路线偏好”中的“躲避拥堵”开关打开。

方法二：当用地图软件规划路线时，点击出行方案上方的三角形图标，打开“路线偏好”设置框，选择“躲避拥堵”即可。如果将设置中的“一直生效”或“记住选项”勾选起来，那么以后每次开启导航时，优先使用避堵模式。

方法三：当地图软件处于导航状态时，可在页面下方点击“更多”展开“路线偏好”或“导航路线”设置界面，开启“躲避拥堵”开关。也可直接对地图软件说“小德小德”或“小度小度”，当语音助手作出回应时，说出“躲避拥堵”，即可开启避堵功能。

需要注意的是，不同地图软件推荐的避堵线路不尽相同，有的会为了避

高德地图App在驾车模式下开启“躲避拥堵”功能示意图

百度地图App在驾车模式下开启“智能推荐”功能示意图

在地图软件首页，依次点击“我的”“设置”“导航设置”，即可切换路线偏好

堵而大幅增加行车里程。所以，是否采纳避堵方案，需要根据实际路况来综合分析。另外，“路线偏好”功能设置不是一成不变的，需要根据出行条件及时作出调整。比如，我们要远距离行车，如果开启了“少收费”或“不走高速”开关，系统会优先推荐国道等非高速路段，反而更费时。

如果你觉得开关太多，设置麻烦，那就在设置“避堵”功能时，选择“智能推荐”。进入该模式后，如存在相比当前更佳的备选路线，地图软件将及时提示用户该路线的优势（如时间更短、拥堵更少等），并建议切换至新路线。如没有更优路线，也会智能指出新路线的缺点（例如红绿灯多，时间、路程长等），并告知用户当前所在的即最优路线。

第十一节　如何加油省钱又省心

近段时间，油价持续上涨，很多喜欢自驾游的老年朋友直呼吃不消。到了一个陌生城市，开着车找加油站，费心费力又费油。如何用手机快捷地找到附近油品好又便宜的加油站？下面这几个加油省钱又省心的方法，快快学起来吧。

扫码看教学视频

一、用地图软件优惠加油

打开高德地图或百度地图 App，点击搜索栏，在弹出的输入框下面会显示“美食”“加油站”等日常高频应用图标。点击“加油站”，就能搜索到附近的全部加油站，其中包括了中石化、中石油、中海油等连锁品牌加油站和不少民营加油站。

页面上方显示“全部油站”和“优惠油站”两个栏目。点击“优惠油站”，平台会将附近的优惠加油站全部归集到一起，优惠情况一目了然。

下拉屏幕，这些加油站的位置及油价信息，会被标注在地图上。点击某个加油站，即可导航前往，还能看到用户评价。

加油时，我们从地图软件进入该加油站的加油页面，选择油号、油枪号，输入金额，系统实时计算出优惠后的价格。有的加油站不用下车，即可使用微信或者支付宝线上付款；有的还会给车主赠送纸巾、矿泉水等或为车主免费洗车。

高德地图“优惠油站”界面

二、用“团油”优惠加油

“团油”是一个知名度较高的加油平台。从各大应用商店下载安装，或用微信搜索“团油”小程序，都能进入该应用。

打开“团油”，首页就会显示附近的加油站。选中某个加油站，可跟随导航前往。

使用“团油”加油，无须充值办卡，就能享受加油优惠价。在首页点击“免费洗车”或“加油送好礼”，还能搜索到额外提供加油福利的加油站。

对于加油量比较大的车主来说，“团油”提供的代金券可以和平台优惠叠加使用，享受更大优惠。

需要注意的是，有些加油站标注的团油价是阶梯价格。

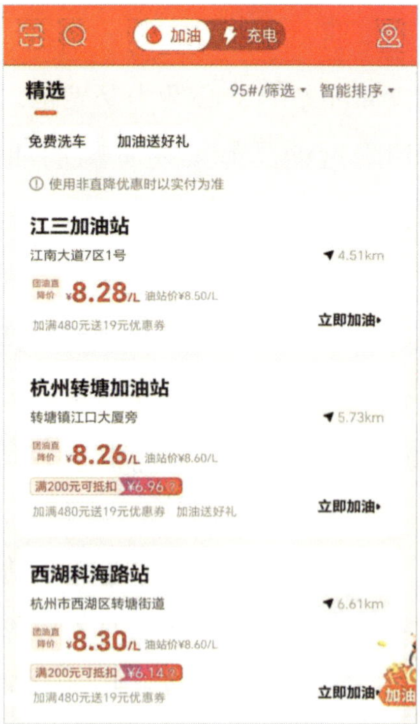

团油 App 主界面

第十二节 车子停哪儿如何找

老年朋友跟随家人或自驾出行，可曾遇到过这样的情景：因为景区、商场停车场太大，一番游玩或购物后，竟然忘记自己的车子停在哪里了，以至于要在停车场到处寻找，费时又费力。

扫码看教学视频

今天，我们就来学一学快速找到自己爱车的方法。

一、拍照找车法

一般来说，大型地下停车场都会给车位作分区编号，比如 C 区 20 号、G 区 150 号。不过，与地面停车场相比，地下停车场到处都是令人眼花缭乱的柱子、车子，可参照物更少。而且，商场会有多个通往地下停车场的出入口，很容易让人失去方向感。如果我们停车时连车位编号都没记下，那可真是大海捞针了。

如何破解找车难题？一个实用有效的方法，就是下车后用手机拍下停车区域和车位编号，记下所在楼层。这样，在回到停车场时，可以对照着寻找车子。另外，可以用车钥匙来辅助找车。一般来说，车钥匙会有几十米的感应范围，可以边走边按车钥匙，根据声音灯光来找车。

利用微信发送定位找车

二、微信找车法

如果景区、医院有多个地面停车场，按以上拍照法不容易找到车子，该咋办？可以试试微信的位置功能。

首先打开手机的定位功能。从手机屏幕顶部往下滑动，在下拉工具栏中点亮“位置信息”图标即可。

然后打开微信好友聊天界面，点击右下角的“+”，选择“位置”图标，将当前位置发送给家人或自己。当需要找车子时，只需点开微信好友的对话记录，即可通过地图软件导航前往。

三、地图找车法

一般消费者都不熟悉大型停车场的规划布局，当遇到一些由多个独立停车场构成的大型商业街区时，即便知道车位编号，想要快速找到车子也不是件容易的事。除了向工作人员求助外，能不能让手机来帮忙？下面，我们以

高德地图 App 的“停车记录”功能界面

百度地图 App 的“停车助手”界面

百度地图、高德地图 App 为例，看看用手机定位找车的方法。

打开百度地图 App 首页，在工具栏中点击“更多”，然后向上滑动页面，在“车主功能”栏目找到并运行“记录车位”。随后点击“记录车位”按钮，选择停车场，输入车位信息，拍照上传照片，点击“确定”按钮，就将停车信息记录在了地图上。

此后，打开百度地图 App，地图会贴心地在首页显示爱车的停放位置、停放时间，点击“寻车”即可快速导航前往。

用高德地图找车方法相类似，打开高德地图 App 首页，在工具栏中点击“更多工具”，向上滑动页面，在“其他”栏目中找到并运行“停车记录”，标记位置，添加现场照片、所在楼层位置、车位等信息后，点击“保存”按钮，就能将自己车辆停放的位置信息保存在地图软件上。

回来后，只需打开高德地图 App，在地图上就能看到“停车位置”的标记，点击图标即可通过步行导航找到自己的车子。

第十三节　手机导航如何少费流量

在使用地图软件导航时，有些人担心会很费手机流量。其实，导航主要在获取位置参数，比如地图、周边信息、实时路况、规划路线时消耗流量。那么，有什么办法可以减少流量消耗，甚至不用流量，或在没信号时也能导航？今天，我们以高德地图和百度地图为例，学一学离线导航的使用方法。

扫码看教学视频

一、使用高德地图离线导航

1. 打开高德地图 App，点击右下角的“我的”或者“未登录”进入新页面。

2. 在“高德推荐”一栏向左滑动到底，然后点击“更多工具”进入工具包页面。

3. 在“精选”栏目中点击“离线地图”进入“下载管理”页面，系统默认推荐“基础功能包”和当前城市的地图、导航数据包。

4. 点击右侧的“下载”图标，在随后弹出的选项中点击“下载地图 + 导航”，依次下载基础功能包和城市数据包。

5. 若要下载更多城市的数据包，则点击页面上方的“城市列表”，在列表中找到省份，点击下拉箭头选中所属城市，即可下载离线地图数据包。也可在搜索栏输入城市名称或拼音搜索城市并下载。

高德地图“常用出行”界面

需要注意的是，地图数据包和“地图 + 导航”数据包是有区别的，其中地图数据包主要提供地理信息服务，也就是只能在离线情况下搜地点或看图；而增加的导航数据包，可在离线情况下搜索位置并规划路线，且只能在驾车模式下使用离线导航，其他如公交地铁、骑行、步行等导航必须联网才能运行。

离线数据包下载完成后，需在“下载管理”页面点击右上角的设置小图标，进入设置界面，然后把“离线地图优先”“离线导航优先”“Wi-Fi 下自动更新离线数据”开关打开，这样高德地图就可以优先使用离线导航，并及时更新地图数据了。

如在导航过程中需实时了解交通拥堵或事故信息，需开启数据流量。

6. 完成以上操作后，就可以在关闭数据流量的情况下，在高德地图首页的“搜索栏”输入目的地进行导航。

二、使用百度地图离线导航

1. 打开百度地图 App，点击右下角“我的”进入新页面，即可看到“离线地图”图标。也可点击“更多”，在“常用出行”栏目中打开“离线地图”，进入“离线下载”页面。

2. 选择“离线导航包”，在“国内”列表中选择下载全国基础包和省市地图数据。下载后，不开网络也能查路线，离线导航。

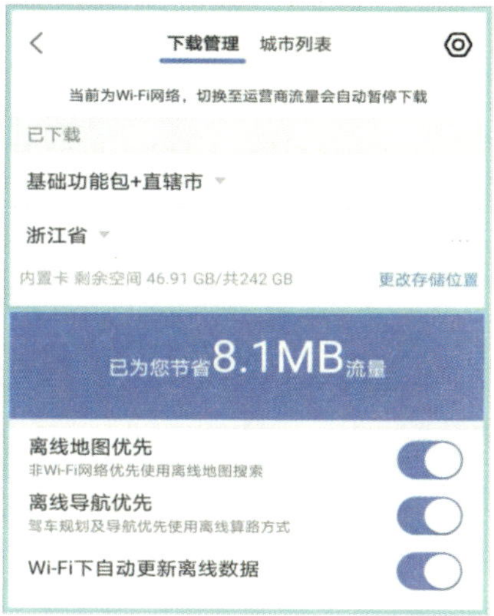

百度地图“离线下载”页面

3. 点击页面上方的“已下载”栏目，即可查询已下载的地图包。若开启“离线算路优先”开关，则无法根据实时路况躲避拥堵；开启 Wi-Fi 下自动更新，则可及时更新离线数据包，让地图数据更全更准；若要删除某个城市的地图资源，可长按该省份名称，在弹窗中点击“确定”即可，也可在“离线下载”页面的“离线地图”项目中，对已下载的城市进行逐个删除。

4. 把相应的离线导航地图下载好后，就可以在关闭数据流量的情况下，重启百度地图后搜索目的地，在驾车模式下进行离线导航。

需要注意的是，当使用百度离线地图不能精准搜索到目的地时，需要先开启数据网络，在搜索结果出来后再关闭网络。它依然可以实现驾车导航，而其他如公交地铁、骑行、步行等导航必须联网才能运行。

第十四节　如何开启“大字版”地图

今天，我们以高德地图和百度地图为例，学一学如何开启“大字版”地图，让界面更简洁，操作更简便。

扫码看教学视频

一、开启“大字版”高德地图

高德地图内嵌了长辈版模式，可通过以下三种方式开启。

方式一：直接在高德地图首页搜索“长辈版”或“关怀版”，点击页面上方的“开启长辈版”按钮即可。

方式二：点击地图右下角的“我的”或“未登录”，再点击右上角的“设置”图标进入设置页面，选择“地图设置”后，点击“长辈版设置”右侧的开关，然后点击页面上方的“开启长辈版”按钮即可。

方式三：在高德地图首页，点击右上方的“图层”，打开图层页面，点击“长辈地图”图标即可开启。

与普通模式相比，通过以上适老化设置，高德地图呈现以下亮点。

第一，地图字体变大，图标色彩增强，点击首页右上方“字号设置”还可将字号调整为超大字。

第二，首页平铺了老年人等群体的高频出入场景，可一键触达超市、公园、医院、银行、幼儿园等地点。

第三，搜索到目的地后，地图优先推荐步行路线和公交地铁路线。其中，公交地铁路线还醒目标明了行程距离、预计通行时间，以及步行距离、站点数量等关键信息。

第四，无诱导类广告按键及广告弹窗。

但也存在以下一些待优化的地方。

第一，长辈版入口不明显，需要多个步骤才能切换至适老模式。并且，适老模式容易退出，若点击左上角“返回”按键或进行手机回退操作，会退出适老模式回到普通模式，需要重新操作才能进入长辈模式。

第二，在搜索某一地点时，页面下方会提供步行路线、公交地铁路线，但是此场景下的路线推荐页面无法更改我的始发位置，并且步行路线、公交地铁路线均为文字导航，无语音播报导航。

第三，在长辈模式下，高德地图无智能语音助手，这给打字慢甚至不会打字的老年人增加了操作难度。

二、开启“大字版”百度地图

百度地图没有内嵌长辈模式，需在“应用市场”或 App Store 搜索并下载“百度地图关怀版”，这是专门面向老年人的地图导航类 App。

与普通模式相比，百度地图关怀版字号、地图图标、按钮等元素变大，在查找地点、路线推荐、路线导航页面均作了适老化调整。这个版本主要有以下亮点。

第一，可通过“点击说话”按钮，以语音指令一键获得找地点、查路线、导航等服务。

第二，点击“查找地点”，可设置家庭地址和常用地址，并支持修改。

第三，点击“查路线”按钮，页面提供了公共交通、驾车、步行这三种符合老年用户偏好的出行方式。

第四，若已设置家庭地址，可点击“一键回家”规划回家路线。

第五，无诱导类广告按键及广告弹窗，方便老年用户安全使用。

高德地图长辈版主界面

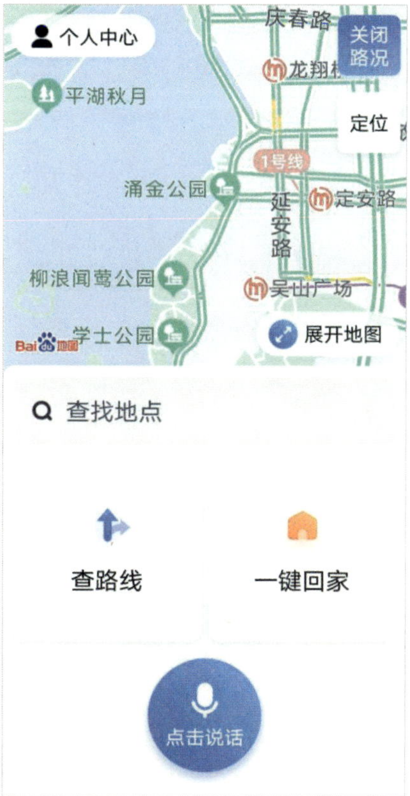

百度地图关怀版主界面

6

第六章

乐学乐为篇

第一节

如何用手机拍出大片（上）

手机摄影让每个人都能够随时随地捕捉生活中的精彩瞬间。随着手机技术的不断进步，手机摄影的画质和功能也在不断提升，使得越来越多的人开始关注并热爱这一领域。

下面，我们先来了解一些关于手机摄影的基础理论知识。

一、手机摄影的特点

首先，手机摄影的便利性是其最大的优势之一。与传统的相机相比，手机摄影无须携带沉重的设备，只需轻轻一点，就能随时拍摄。无论是在旅行中、聚会时还是日常生活中，手机摄影都能帮助我们记录下那些珍贵的瞬间。

其次，手机摄影的创意性也是其魅力所在。通过手机摄影，我们可以运用各种滤镜、特效和编辑工具，将普通的照片变得生动有趣。这些创意元素不仅可以增添照片的艺术感，还可以帮助我们表达自己的情感和想法。

此外，手机摄影的分享性也为人们带来了更多的互动和交流机会。通过社交媒体平台，我们可以轻松地将自己的作品分享给朋友、家人甚至全世界。这种分享不仅增加了我们与他人之间的交流和互动，还让我们有机会从他人的作品中汲取灵感、学习经验。

与传统摄影一样，审美对于手机摄影也很重要。审美是一种主观的评价和感受，它涉及对美的认知和理解。在手机摄影中，审美主要体现在对构图、光线、色彩等方面的把握和运用。一个优秀的手机摄影师不仅要有敏锐的观察力和丰富的想象力，还要具备对美的独特理解和感知能力。

构图是手机摄影中非常关键的一环。通过合理的构图，我们可以将画面中的元素进行有效的排列和组合，从而突出主题、增强视觉效果。例如，运用“三分法”或“黄金分割点”等构图原则，可以使画面更加和谐、平衡。

光线也是影响手机摄影审美的重要因素。不同的光线条件会产生不同的视觉效果和情感氛围。学会观察和利用光线，可以使我们的作品更加生动、富有层次感。

此外，色彩的运用也是手机摄影审美中不可忽视的一部分。通过调整色彩饱和度、对比度和色调等参数，我们可以营造出不同的氛围和情感。合理的色彩搭配和运用，可以使作品更加吸引人、更具感染力。

总之，手机摄影以其便利性、创意性和分享性成为现代生活中的重要内容。通过运用手机摄影，我们可以记录下生活中的精彩瞬间，与他人分享自己的作品，并从中获得乐趣和启发。而注重手机摄影的审美是提升作品质量的关键所在。通过不断学习和实践，我们可以逐渐提高自己的审美能力和创作水平，创作出更加优秀、具有艺术价值的手机摄影作品。

二、风光摄影的基本技巧

使用手机拍摄风光，虽然相对于专业相机来说可能存在一定的局限性，但只要你掌握了一些基本技巧，依然可以拍出令人惊艳的作品。以下是一些建议。

1. 选择合适的时机与地点：风光摄影的效果，很大程度上取决于你选择的拍摄地点和时机。可寻找那些具有独特地貌、色彩或光影变化的地点，比如日出或日落时的海滩、山巅或湖泊进行拍摄。

2. 稳定手机：使用三脚架或稳定的支撑物来固定手机，避免因为手抖而导致的画面模糊。如果没有三脚架，也可以尝试将手机靠在树干、墙壁或其他稳固的物体上。

3. 调整拍摄模式：大多数手机相机都有多种拍摄模式，比如风景、人像、夜景等。拍摄风光时，建议选择风景模式，它通常会优化色彩和对比度，使画面更加鲜艳。

4. 调整构图与角度：构图是风光摄影的关键。尝试使用“三分法”来构图，将画面分为三等分，把重要的元素放在这些线条的交点或线上。同时，不同的拍摄角度也会带来不同的视觉效果，尝试从高处俯拍或从低处仰拍，寻找独特的视角。

5. 利用自然光：光线是风光摄影的灵魂。在日出或日落时拍摄，可以捕捉到柔和而温暖的光线。同时，注意观察云彩的遮挡情况，云层的厚薄和形状都会影响光线的质量和方向。

6. 进行后期处理：手机摄影的一个优势是可以方便地进行后期处理。你可以使用手机上的图片编辑软件来调整色彩、对比度、锐度等参数，甚至添加滤镜来增强画面效果。

7. 不断练习与反思：拍摄风景需要不断尝试和摸索。每次拍摄后，回顾你的作品，找出优点和不足，思考如何改进。通过不断的练习和反思，你的拍摄技巧会逐渐提高。

最后，记住风光摄影不仅仅是记录美景，更是表达你对大自然的热爱和敬畏。用你的镜头捕捉那些令人心动的瞬间，让更多的人感受到大自然的美丽与魅力。

三、人像摄影的注意事项

使用手机拍摄人物时，可以尝试以下做法，以获取质量上乘的画面。

1. 选择合适的角度：尝试不同的角度和高度拍摄，比如低角度可以显得人物更加高大，高角度则有助于展现环境的广阔。俯拍角度可以拍摄到人物的半身坐姿或躺姿，有效显脸小。

2. 注意背景：背景对于人像摄影至关重要。尽量选择简洁、干净的背景，避免杂乱的元素分散观众的注意力。如果背景能与人物主体的服装色彩产生强烈的对比或反差，将有助于更好地突出人物。

3. 利用自然光：自然光是人像摄影的理想光源。在日出或日落时，光线柔和、温暖，非常适合拍摄人像。在室内拍摄时，也可以利用窗户的自然光。

4. 调整焦距和景深：如果手机支持调整焦距和景深，可以利用这些功能来突出人物主体。例如，使用较大的光圈可以产生浅景深效果，使得背景虚化，从而更加突出人物。

5. 捕捉情感：人像摄影不仅仅是记录人的外貌，更重要的是捕捉人物的情感和个性。因此，在拍摄时要关注人物的表情和动作，力求展现他们的真实情感。

6. 选择拍照模式：大多数手机都具备人像模式或专业模式，这些模式可以提供更多的拍摄选项，如调整曝光、白平衡等，帮助拍摄出更专业的照片。

7. 进行后期处理：拍摄完成后，可以使用手机自带的编辑功能或第三方应用进行后期处理，如裁剪、调整色彩、增加滤镜等，以提升照片的整体效果。

综上所述，使用手机拍摄人物时，需要综合考虑角度、背景、光线、焦距、情感表达等多个方面。通过不断练习和尝试，你将能够拍摄出质量上乘的人像照片。

第二节 如何用手机拍出大片（下）

如今，手机拍摄功能已经变得非常强大和多样化，满足了用户在不同场景下的拍摄需求。以下是一些手机拍摄常用的功能。

一、拍照模式

普通模式：基础的拍照功能，用于拍摄日常生活或特定时刻的照片。

普通模式摄影作品

人像模式：通过算法实现背景虚化，突出拍摄主体，常用于拍摄人像或宠物。

人像模式摄影作品

全景模式：通过移动手机拍摄，可以拼接多张照片形成一幅超宽视角的全景照片。

全景模式摄影作品

夜景模式：通过多帧合成和算法优化，提升暗光环境下的拍摄效果，减少噪点，提高亮度和清晰度。

夜景模式摄影作品

微距模式：适用于近距离拍摄，可以捕捉物体的细节和纹理。

微距模式摄影作品

二、视频录制

高清视频：支持录制高清甚至 4K 分辨率的视频，满足用户对高质量视频的需求。

防抖功能：通过算法或硬件实现防抖，减少拍摄过程中的抖动，使视频更加稳定。

慢动作：可以录制高速运动的物体，并在播放时放慢速度，以捕捉更多细节。

延时摄影：用于拍摄长时间变化的场景，如日出日落、植物生长等，将长时间的变化压缩到较短的视频中。

三、专业模式

手动调节参数：允许用户手动调节 ISO、快门速度、白平衡等参数，实现更精细的拍摄控制。

RAW 格式拍摄：保存未经处理的原始图像数据，方便后期进行更专业的编辑和处理。

四、智能功能

AI 场景识别：自动识别拍摄场景，如风景、人像、食物等，并自动调整参数以获得最佳拍摄效果。

AI 美颜：通过算法优化人像肤色、磨皮。

动态照片：在拍照的同时录制一小段视频，使照片具有动态效果，增加趣味性。

五、辅助功能

闪光灯：在光线不足的情况下提供辅助照明，确保拍摄效果。

前置摄像头：用于自拍或视频通话。

变焦功能：通过数码变焦或混合变焦实现远距离拍摄。

连拍功能：连续拍摄多张照片，方便用户从中选择最佳的一张。

这些功能使得手机拍摄变得更加便捷和高效，可以满足用户包括日常生活记录和专业摄影创作在内的多样化需求。随着技术的不断进步，手机拍摄的功能也将不断完善和创新。

第三节 繁花盛开，一起来定格春天吧

春天来了，朋友圈里“百花盛开”。太子湾公园的郁金香，杭州植物园的玉兰，曲院风荷的浪漫樱花……杭州的盎然春色遍布各个角落，你都去打卡了吗？

扫码看教学视频

繁花盛开的时节，很多老年朋友喜欢外出赏花、拍花、发朋友圈，但有时费尽心思拍照，最终的成片却不甚满意。怎样不费力气把花朵拍的更好看呢？我们一起来学几个小技巧吧。

一、拍一朵花

拍摄一朵花最简单的就是居中构图，找一朵最好看的花，面向花朵从上往下拍摄它的正面，使用 2 倍焦距，使花朵置于九宫格构图线的最中间一格，点击花朵锁定焦距，将后面的花枝作为背景，拉低屏幕上的小太阳（曝光），花朵更加突出。

二、拍两朵分散的花

拍摄比较分散的两朵花时，可以先放大焦距，降低手机拍摄高度，将手机贴近近处的花朵，最近的花作为前景，放在画面左下角，远处的花放在右上 4 格内，点击远处花朵对焦，直接拍摄。

三、拍摄成簇的花朵

拍摄成簇的花朵时，先放大焦距，使这些花朵在镜头里呈现一个三角形的结构，把它们放在画面中间，直接拍摄即可。

拍摄一朵花时，花朵置于最中间一格

拍两朵分散的花时，低处的花作近景，对焦远处的花

拍摄成簇花朵时，使花朵呈三角形构图

拍摄树上一簇花时，让花朵占据下方三分之二画面

四、拍摄树上的花

拍摄树上的花朵时，直接拍摄整体会显得很杂乱，我们可以靠近找到一朵花，放大焦距，将花朵置于中心，背后的树枝放在斜对角上，点击对焦，拖动小太阳调整曝光，点击拍摄。

还可以找一簇花，放大焦距，让花朵占据下方三分之二的画面，调整对焦，拍摄即可。

第四节 如何用抖音创作短视频

春节期间，除了送祝福、庆团圆，享受幸福年味外，不少人趁着晴好天气外出游玩，感受欢乐过大年的氛围，还随手拍下家人团聚时的温馨时刻、游山玩水时的欢乐景象、离别返程时的不舍一幕。

扫码看教学视频

那么，如何快速拍摄、分享短视频？如何将存在手机里的视频片段或照片剪辑成一部“大片”，给亲友留下温情回忆？今天，我们来学一学如何用抖音自带功能创作短视频。

一、用抖音拍摄短视频

我们除了用抖音 App 刷短视频，还能用它来拍摄、剪辑、发布视频。打开该应用，点击右下角的“我”，用手机号码一键登录，此后无须重复登录。

点击页面下方的“+”号进入“快拍”界面，可以拍摄照片、视频，长按拍摄按钮，即可拍摄一段完整的短视频。拍摄完毕后点击“下一步”，添加作品描述、话题，设置封面等，即可一键发布到自己的抖音账号。

不过，抖音短视频一般都比较短，在 15 秒左右。如何调整拍摄时长？在拍摄界面右侧的工具条中点击齿轮图标，打开设置，可将最大拍摄时长调整为 60 秒或 180 秒，也可开启或关闭“使用音量键拍摄”“网格”开关。此外，工具条还提供切换前后镜头、开启或关闭闪光灯、设置 3 秒或 10 秒倒计时、调节拍摄速度、开启美颜滤镜等功能。

比如，点击工具条最上方的“翻转”图标，可以切换前置或后置镜头，用于自拍或拍摄前景。在拍摄按钮左侧，有一个“特效”按钮，用它可以拍出不同风格的短视频。

此外，抖音还有“发图文”“开直播”等功能，从拍摄界面底部滑动菜单即可切换。通过“发图文”，可以制作一部有背景音乐的幻灯片视频。切换到“开直播”，点击“开始视频直播”按钮，完成实名认证，等待 3 秒钟倒计时结束后，就可以正式开始视频直播。

二、用抖音剪辑视频

我们常常会觉得一个短视频看起来赏心悦目，特效很精彩，节奏很流畅，其实这离不开剪辑。抖音有画面切换、字幕、音乐、转场、特效等功能。

使用抖音“开直播”功能，可进行视频直播

用抖音拍摄视频后，点击工具条中的“剪辑”图标进入编辑界面

拍摄完一段视频或者从相册中调取一段视频后，点击工具条中的“剪辑”图标，进入编辑界面，可对视频轨道上的画面进行分割、变速、旋转、删除、调节长度等操作。

左右滑动屏幕，可实时调整时间轴位置，用两个手指在屏幕上缩放滑动，可实时放大或缩小时间轴，以便精准分割、删除素材，按住素材可将素材拖到轨道不同位置。点击时间轴一侧的“+”号，可将手机相册中的视频、图片素材添加到轨道上，进一步丰富画面内容。点击素材，按住边缘的箭头，即可调节素材长度。点击“添加音频”，可将系统推荐的音乐或搜索到的音乐添加到音频轨道上。点击右上角的“保存”回到上一页，此时可用工具条中的功能图标，给视频添加特效、文字、贴纸，也可使用“自动字幕”功能，自动识别画面声音并生成字幕。

完成以上剪辑操作后，即可进入下一步，将作品发布到抖音平台。

我们还可以将抖音视频分享到微信朋友圈。点击抖音主界面右下角的“我”，选择播放某个视频，然后点击右下角的“…”图标，选择“朋友圈”，此时系统会将视频下载到本地相册。点击发送视频到朋友圈，切换到微信界面，然后点击右上角的“照相机”图标，从相册中选择已下载的文件，添加文字描述，即可分享到朋友圈。

三、短视频拍摄技巧

1. 远程控制。在拍摄时，如果手机摆放位置比较远，可以利用“倒计时”功能来远程控制开启和暂停录制。在拍摄界面点击“倒计时”图标，将倒计时设置为 3 秒或 10 秒，如果只要拍摄 10 秒就暂停，可以将暂停拉杆拖到 10 秒的位置。

2. 分段拍摄。就是拍一段视频暂停之后，再拍下一段，最后拼在一起，形成一个完整视频。在拍摄界面底部滑动菜单，切换到“分段拍”，调节拍摄时长，按住圆形录制按钮开始录制，几秒钟后松开，停止录制，继续按住按钮在另一个场景录制，这样可以一段一段拍摄画面。在两个场景之间加上过渡转场，会让视频效果更酷炫。

3. 调整速度。在拍摄视频时点击界面右侧“快慢速”图标，选择“快”或者“极快”，短视频最终呈现出来的画面播放速度就会加快。相反，如果选择“慢”或者“极慢”，短视频最终呈现出来的画面播放速度就会变慢。这个功能可以让我们根据拍摄节奏，创作出具有差异化的视频。

抖音“分段拍”界面

4. 竖屏拍摄。在使用手机开始拍摄之前，我们要先考虑好是横拍还是竖拍。横拍可以在镜头中容纳更多的人物和更宽的景物，竖拍可以展现更完整的人物和更高的背景。一般竖屏视频更符合用户观看短视频的习惯，横拍的视频需要用户翻转手机，影响观看体验，建议使用竖屏拍摄。

5. 防止抖动。拍摄时，手一定要稳，以防出现视频画面抖动的情况，即使视频内容再好，抖动也会影响视频整体效果。最好配备支架、自拍杆或手持稳定器固定镜头。跟拍时，移动整个身体，不要晃动手机，以减少视频抖动。

第五节 如何用手机制作、分享视频

随着手机性能不断提升，成像画质越来越好。外出游玩时，只用一部手机就能拍出高清大片，记录美好生活。不过，不少老年人在手机里存了很多照片、视频，却不知道如何用手机将零碎记录制作成完整作品。今天，我们就来了解如何将手机照片、视频素材制作成影片，

扫码看教学视频

分享到微信朋友圈。

一、用手机图库制作短视频

有人或许要问，微信平台提供的视频剪辑功能不够丰富，有没有更适合老年人学习掌握的视频剪辑应用。其实，手机图库就自带这项功能。

图库就是常说的相册，页面下方设置有“照片”“相册”“时刻”“发现”4 个栏目。其中，“时刻”是手机自动在相册中查找相似照片，然后拼凑成一个影片和一个拼图，还会贴心地起一个适当的名字，记录拍照日期。

那么，我们如何挑选照片，制作一个拼图或者带音乐的视频呢?

通过图库编辑视频

以安卓手机为例，在图库中长按选中图片或视频后，页面下方会出现“创作”图标，点击后可选择制作影片或拼图。进入创作影片页面，可对轨道上图片或视频素材进行分割、添加、删除，以及调整长度、音量等剪辑操作，添加好滤镜、音乐、片头片尾字幕后，点击右上角“保存”或“导出”，即可将视频保存到“相册”。

二、用“剪映”制作短视频

很多老年人喜欢在抖音、快手、今日头条等平台刷短视频，那些炫酷的视频是通过什么软件制作的？剪映 App 就是一款适合剪辑短视频的手机软件，在安卓系统的应用市场或 iOS 系统的 App Store 都可以下载安装。

用剪映 App 剪辑短视频主要有导入素材、剪辑视频、导出视频 3 个步骤。

1. 导入素材。打开 App 后，点击“+ 开始创作”，从手机相册中选中视频或照片，勾选“高清”选项，点击“添加”就完成素材导入工作。

2. 剪辑视频。点击左下角“剪辑”图标进入视频剪辑模式。

剪映 App 剪辑短视频界面

导入视频后，如果发现某个视频片段画面质量不好，或者主题不合适，可以利用分割功能，把这一部分剪掉。

如果需要向轨道上补充素材，可点击视频轨道右边的“+”，把需要的照片、视频添加进来，这样就能完成合并视频操作。

在剪切或者合并视频后，如果发现几段视频拼接得不流畅，可以使用“转场”功能，让视频片段衔接得更完美。

音乐、音效可以说是短视频不可缺少的因素，很多内容较简单的短视频都因为音乐、音效的存在而变得生动精彩。添加音乐的操作也很简单，点击“音频”中的“音乐”选项进行添加即可。

剪映有“识别字幕”功能，能根据视频内容自动生成字幕。点击“文字”图标后，再点击“识别字幕”，就能自动识别素材中的现场声音，在视频中配上字幕，后续只需再批量编辑文字、调节样式。

当拍摄出的视频画面模糊不清或颜色失真时，可以利用特效和滤镜来优化、美化视频画面，提升视频质量。

3. 导出视频。视频剪辑完成后，可以点击右上角的导出按钮，保存视频到手机。

三、在朋友圈分享照片视频

打开微信，依次点击“发现”“朋友圈”，再点击右上角相机图标，可直接拍摄照片或视频，也可从相册中选择素材。

点击“拍照”，可轻触拍照，也可长按摄像；点击“从相册选择”，可从相册中选择照片或视频发表。

目前，微信可以直接发表9张以内照片到朋友圈，超过9张照片或照片、视频组合，需制作成新视频再发表，有多种视频模板可选，可根据喜好设置音乐，照片呈现方式类似于自动播放的PPT，每张照片播放几秒后切换下一张照片。

在编辑框输入文字内容，对所在位置、提醒谁看、谁可以看等参数进行设置后，即可将作品发表到朋友圈。

另外，微信朋友圈视频最长可发30秒，如果想要发超过30秒视频，可选择用视频号发完整视频。

如何拥有视频号？首先要打开微信发现页的视频号入口，点击右下角的“我”进入个人中心页面，然后按照“设置—通用—发现页管理”的步骤，把“视频号”入口状态设成打开。在“发现”页面“朋友圈”下面出现“视频号”，说明已经拥有最基本的观看浏览功能。

接下去就要看看自己是不是可以开通视频号发布功能，也就是创建视频号。打开微信，依次点击“发现”“视频号”和屏幕右上角小人头图标，如果已经被微信官方赋予了创建视频号权限，那么在“我的视频号”下方点击“发表视频”，会弹出“创建视频号”界面，根据页面提示上传头像，填写昵称、简介等信息后即可创建个人视频号。如果之前已经创建视频号，在“我管理的视频号”下方就会显示已经创建过的视频号名称。

在视频号中，不仅可以裁剪发表1分钟内的短视频，还可以直接发表30分钟以内的完整视频，甚至发起直播。

第六节 如何修复老照片

老照片承载着许多难忘的记忆，比如从军照、毕业照、家庭照、旅行照，都是值得珍藏的宝贵资料。不过随着时间的流逝，这些老照片会渐渐褪去颜色，出现发黄、模糊，甚至局部损毁等问题，十分可惜。有什么办法可以修复这些老照片，甚至给黑白照片上色呢？

扫码看教学视频

下面，给大家介绍几款具有免费修图功能的应用，供大家学习参考。

一、用美图秀秀修复老照片

美图秀秀是一款常见的图片处理软件，有微信小程序版和 App 版。

小程序版的使用方法是，打开微信 App，点击右上方放大镜图标，进入搜索页面。点击“小程序”，在搜索栏输入“美图秀秀”，即可搜索到美图秀秀小程序并进入主界面。

美图秀秀微信小程序版主界面

“美图秀秀”工具栏提供的画质修复、老照片修复功能，能通过 AI 技术将老照片、低分辨率照片、模糊照片一键翻新。

通过“画质修复”导入图片，可一键提升画质并将图片保存到相册。

进入“老照片修复”界面，点击“一

键翻新”按钮，从手机相册中选择需要修复的老照片，即可让系统通过运算处理，生成修复前后对比图。点击保存到手机相册就可以下载了，不过需要先分享给好友才能保存，可以分享给自己的微信或者文件传输助手。

需要注意的是，为了获得更好的处理质量，应确保照片是正向的，如果照片倒转请先旋转照片方向到正向；裁剪照片移除不相关背景，只保留需要部分。可在修图界面选择照片时，点击“预览”进入编辑界面，对画面进行旋转、裁剪等操作。

经过修复后，照片画质明显增强，人物面部轮廓、表情都明显变得清晰、有立体感，还自带美颜。如果照片污损严重，那 AI 也没办法完美修复。

美图秀秀 App 可从应用市场或 Apple store 下载并安装使用。相比美图秀秀微信版，App 版在首页功能区增加了照片上色功能，能通过 AI 算法给黑白照片上色，让照片变为彩色效果。

二、其他修复老照片的方法

除了美图秀秀，还有几款具有老照片修复功能的软件，不过大多限制功能或限制免费使用次数。

比如 Meitu Wink，主打视频画质修复和视频美容功能，也支持上传照片进行画质修复。

从应用市场或 Apple store 下载安装并打开 Meitu Wink，进入“画质修复”界面，其中的高清、超清画质修复功能可免费使用。从相册中选择需要修复画质的老照片，经过云处理后，左右滑动可比较修复前后的对比效果。点击“保存”按钮，即可将处理后的图片保存到相册。

一刻相册 App 也能对老照片进行修复。安装并打开该软件首页后，进入“照片修复”界面，点击“一键修复”按钮，从手机相册中选择要修复的照片，进入“照片修复”界面。点击“照片修复”，即可对老照片进行上色修复，并保存到相册。

还有一款限制免费使用次数的网页版应用，能通过人工智能算法获得良好的照片修复效果。打开手机浏览器，在地址栏输入 jpghd.com，即可进入该网站。按提示从手机相册上传老照片后，设置图片类型、是否上色、无损放大倍率等参数，即可交由系统对老照片进行修复。

不过，受网站功能限制，免费用户一个月内只能修复 5 张老照片，而且上传尺寸也有限制。

以上应用的免费功能都能实现图像增强或复原、改进照片质量，基本能满足日常修图需要。不过，如果要对损毁比较严重的老照片进行修复，可能需要更强算力的收费版功能才能实现，建议大家按需选择。

第七节 如何备份手机照片视频

越来越多的老年人喜欢用手机拍照、录像，记录美好瞬间，不过有人担心手机空间，一旦存满该怎么办？有什么办法可以将手机中的照片、视频存起来，既节省手机空间，还能随时调取这些资料？今天，我们就一起来了解备份手机文件的方法。

扫码看教学视频

一、将文件备份到云空间

智能手机基本都有云空间，可以用来备份手机文件。以华为手机为例，打开“设置”，在页面上方点击“登录华为账号”进入个人中心界面。首次使用时可用手机号注册一个新账号，此后系统会自动登录。

随后进入“云空间”，这里可以管理云存储空间，开启或关闭“云备份”，选择需要数据同步的项目。

进入“云备份”界面，打开“云备份”开关，点击“立即备份”，即可对图库、联系人、信息等数据进行备份。此外，在连接无线局域网络时，即使屏幕被锁定，系统也会定期自动将整机数据备份到云端服务器。这样，即使手机上的数据删除了，也可以在云空间找回。

也有安卓系统的手机在桌面上单独建立“云空间”图标，点击进入后，即可管理云存储空间。需要注意的是，各类手机厂商默认给用户的免费云空间一般只有5G。所以，需要经常进入云空间清理不必要的文件，或付费升级更大的云存储空间。

“云空间”还提供“云盘”功能，可以随意收藏设备中的图片、音频、视频、文档、压缩包或应用。

打开手机“图库”，进入“相册”，在查看照片、视频时，点击上方的下拉菜单，切换到“云端”，即可查看云空间备份的文件。长按图片或视频，选中后即可进行创作、删除、下载等操作。

进入手机“云空间”，可对图库、联系人等数据进行备份

二、将文件备份到百度网盘

通过安卓系统的“应用市场”或iOS系统的App Store，都可以下载安装百度网盘App。首次打开软件，可用手机号或微信快速注册登录。

进入百度网盘App主界面，打开“手机备份”选项，其中包括相册备份、手机文件备份、手机数据备份等功能。

点击“相册备份”，可分别开启自动备份照片、自动备份视频选项。此时，点击“查看进度”即可查看到正在自动备份的文件个数。

在“手机文件备份”栏目，可选择开启“文档备份”“微信文件备份”“音频备份”等项目。其中，“微信文件备份”可自动备份微信中下载完成的文档、保存到本地的图片。

在“手机数据备份”栏目，可选择开启通讯录、短信、通话记录和应用备份。

完成设置后，在主界面点击“相册”图标，可以时光轴形式查看已备份和未备份的图片、视频列表。系统还能根据任务、地点、事务等参数进行智能分类。

三、将手机照片视频备份到电脑

方法一：用数据线传输。这是最传统的方法，通过 USB 数据线将手机和电脑连接，快速选择传输照片或传输文件模式。

百度网盘手机备份界面

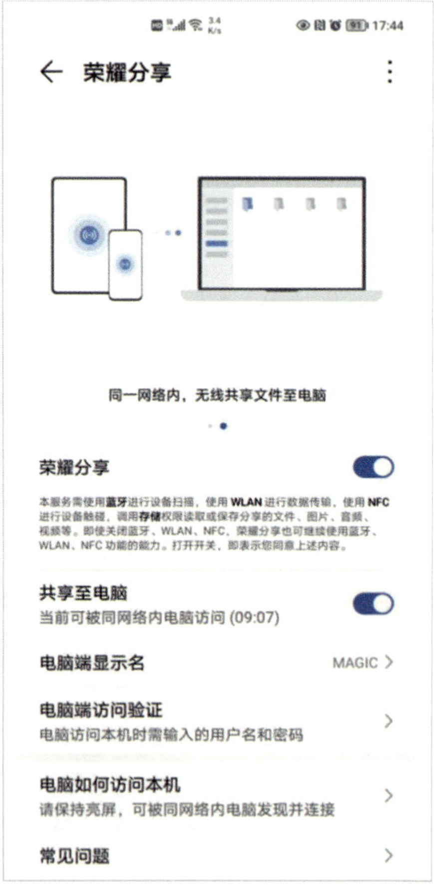

安卓手机的“分享”功能，可将手机文件无线共享至电脑

方法二：用 QQ 传输。在电脑端和手机端登录同一个 QQ，点击界面下方的“联系人”按钮，然后在“设备”菜单中选择“我的电脑”，点击界面左下方“相册”图标，选择要传到电脑上的照片，并点击右下角“发送”按钮。在电脑端打开“我的 Android 手机”，选择“另存为”以及要保存位置，即可保存到电脑。

方法三：用微信传输。在电脑上下载微信电脑版，用手机微信扫描二维码登录。在手机端选择“文件传输助手”,点击界面右下角的“+”并选择“相册”，选择需要传输的照片或视频，点击右上角的“发送”按钮即可。

方法四：用百度网盘传输。只需将手机图片和视频上传至百度网盘，在电脑端登录网盘直接下载就行。目前，使用百度网盘没有文件大小和数量的限制，不过，免费用户下载文件时会被限速。

方法五：用 U 盘备份。近年来，手机电脑两用 U 盘开始流行，这种 U 盘一端可连接手机，另一端可连接电脑。这类 U 盘可直接插手机上复制文件到 U 盘里，然后再插电脑存到电脑上。

方法六：用无线传输。以华为手机为例，首先，从手机屏幕顶部下拉滑出“通知”面板,长按“华为分享”,打开“华为分享”和“共享至电脑”开关。点击“电脑端访问验证”，设置用户名和密码。其次，在电脑上打开“控制面板”，依次点击“程序”“程序和功能”“启用或关闭 windows 功能”，勾选“SMB 1.0/CIFS 文件共享支持”。此后，当手机与电脑连接在同一个无线网络时，在电脑上打开资源管理器中的“网络”，就能看到联网手机。输入用户名和密码，电脑与手机成功连接后，就可以在资源管理器中像操作电脑硬盘一样对手机照片、视频进行备份。

7

第七章

文化养老篇

第一节
如何玩转“浙里老干部”服务

“老张，‘浙里老干部’服务简直太好用了，我在这里可以找到很多方便我们老年人使用的功能！”住在杭州市西湖区的王大爷向自己的老同事介绍。

2022 年，“浙里老干部”服务在“浙里办”上线以来，受到了全省老同志的欢迎。截至 2024 年 4 月，使用人数已突破 34 万人。为满足老同志对美好生活的向往，省委老干部局持续对“浙里老干部”服务进行更新完善，提供更贴近生活的数字化场景，帮助老同志乐享智慧生活。

一、热门功能介绍

通过支付宝或“浙里办”App 搜索“浙里老干部”，都可进入“浙里老干部”服务。

首页上方“新闻动态”滚动发布重要新闻，方便老同志轻松获取权威资讯、了解热点话题。

离退休干部党员可借助“银领云支部”服务开展线上学习、一键便捷交纳党费、建言献策、展示风采等，便捷享受党员权利和履行义务。

“云上老年大学”汇聚全省优质老年教育资源，为老年朋友提供共建共享、综合集成的一站式老有所学在线服务。

“智享生活”集成了一键养老、智慧老兵、医院挂号、体检报告、家政服务、浙里健身等 12 项特色功能，为老同志提供日常生活必需的数字化场景服务。

“银耀之江”建立线上志愿活动发布、活动审核、人员参与、时长累计等流程，形成老干部志愿服务数字化、全链条管理，引导广大离退休老同志积极发挥优势作用，为党和国家事业凝聚更多正能量。

在“浙里老干部”首页下滑至“我乐为”，点击“银耀之江”即可进入。进入“活动报名”栏目，选择感兴趣的活动，跳转报名页面，点击“我要报名”即可。进入“加入组织”栏目，选择意向队伍，点击“申请加入”即可。

“浙里老干部”还为老同志们提供了诗路声音馆、智慧文化云、浙里直播、礼堂家等视听类服务，浙江红旅、浙里好玩等旅游类服务，欢迎老同志们体验。

二、常见操作问题

除了搜索,还有什么方式可以找到“浙里老干部”服务呢?

在“浙里办”首页，点击“全部”，即可进入按主题分类的所有服务事项。点击“优待抚恤”，滑动右侧服务事项，找到“长者关怀”栏目，就能看到“浙里老干部”应用。

“浙里办”中的应用服务较多，不论是搜索还是从分类栏目寻找，都有点慢，有没有“一键即入”的快捷方式?

可以打开“浙里老干部”应用，点击右上角的“…”，将该应用添加到桌面。之后，只需点击手机桌面快捷图标，即可直接进入应用。

【温馨提示】若添加失败,需要检查“浙里办”是否有相关权限。请打开手机“设置”，依次点击“应用”“权限管理”“创建桌面快捷方式”，找到“浙里办”，将右侧选择条点成蓝色后，就为“浙里办”打开了创建桌面快捷方式的权限。

点击应用右上角的“…”，没有“添加到桌面”按键怎么办? 这个问题大多是

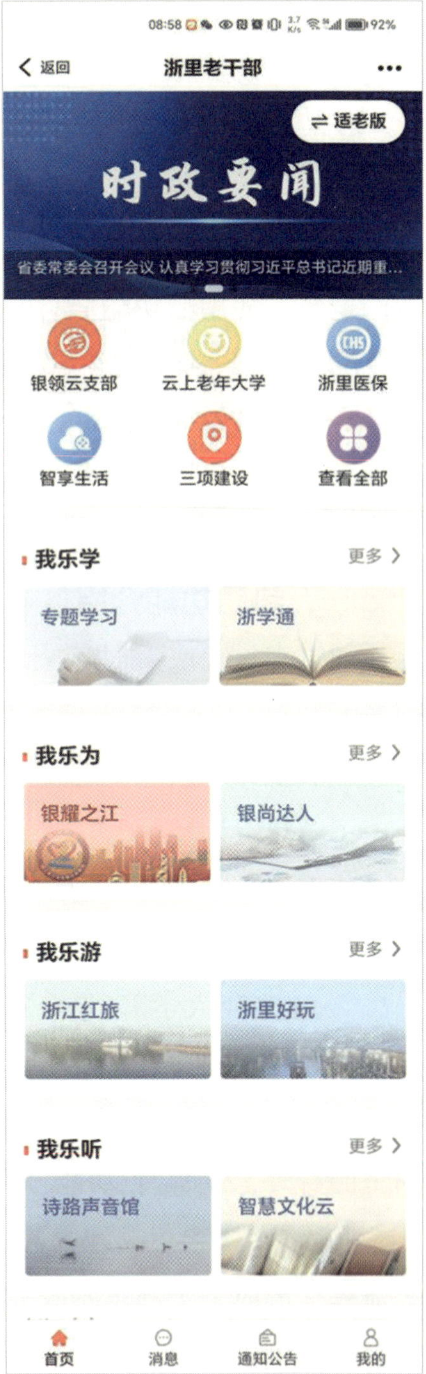

“浙里老干部”主界面

版本老旧导致的。通过“应用市场”搜索并更新“浙里办”，一般都能解决问题。

三、“云上老年大学”主要功能

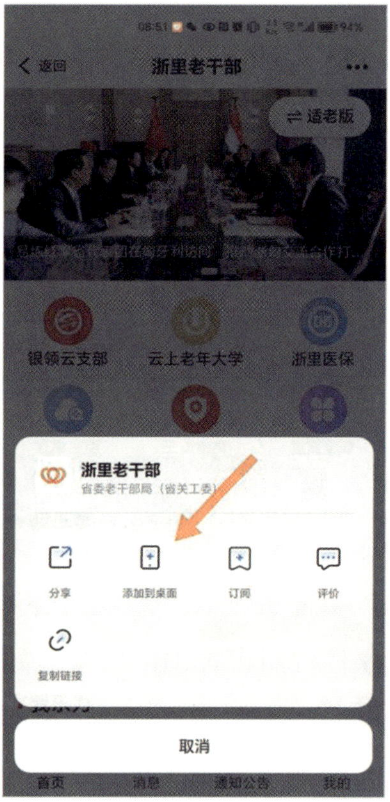

点击右上角的“…”，将“浙里办”添加到桌面

“云上老年大学”功能十分强大，为老同志日常学习提供线上线下报名、课程信息查询、在线课程学习等服务。

“课程中心”设置书法绘画、音乐舞蹈、文化历史、保健体育、家政手工、智能科技、梨园戏曲、经济法律八大课程门类，目前平台线上课程已有400多门，课程视频累计时长近2400小时。不定期邀请优秀老师线上授课，线下学员学习观看，打造线上线下“一堂教千堂学”的名师直播新模式。

“你讲我听”为丰富老年群体学习形式多样性，录制高质量教学音频，助力老年朋友随时随地收听课程，学习新知识、新技能。无需复杂的操作，只需一键播放，就能轻松享受学习的乐趣。

“临医养生堂”为全省老年人打造健康养生节目直播间，每周二晚邀请名医直播授课，解决老年人看病问诊的“关键小事”，助力老年人足不出户“寻医问药”。

“银龄乐园”是一个充满活力和创意的老年人风采展示和互动中心，汇聚全省优秀书画作品，可为心仪的作品点赞或进行在线分享。

“附近乐学”栏目设有附近课程、附近活动、附近学校。“附近课程”涵盖书画、音乐、舞蹈、智能、健康、文史、生活等多类特色课程。点开课程即可了解基本信息、上课时间及地点。通过“附近活动”，可在线快速了解太极拳、文化下乡演出、垃圾分类等活动，部分活动已开放在线报名。“附近机构”会自动根据所在的区域推荐附近开设机构，清晰展示机构详情、开设课程等。“浙学地图”带你了解全省各设区市已开设老年机构，点击某一地市，可以根据县（市、区）或者课程分类了解具体课程。

此外，“云上老年大学”已上线长辈版，字体更大，界面更清爽，操作入口更清晰，方便老年朋友自助使用服务。只要进入“我的”，点击右上角的“开启长辈版”，即可切换。

第二节 如何用“浙里办”读书借书

暑期到来，很多家庭将带娃任务交给了老人。最近，家住杭州市萧山区的余大妈在浏览手机信息、更新隔代育儿知识时得知，“浙里办”App 上线了一项在线借书新功能，便迫不及待开始体验。余大妈通过 App 进入“全民阅读在线”，在“你选书我买单”模块选中一本书，输入读者证信息、收件地址，并支付运费后，便坐等这本书从新华书店快递上门。

扫码看教学视频

“全民阅读在线”是由浙江省委宣传部、浙江出版联合集团携手打造的一款应用程序，其中有哪些值得关注的实用功能？今天，我们一起来了解。

一、读书听书功能

打开支付宝或“浙里办”App 首页，在搜索栏搜索“全民阅读在线”可以进入页面。目前，该页面已开通“浙里读书”“浙里听书”“共读好书”等 8 个核心功能模块，以及“阅选好书”“阅享书香”“阅领风尚”“阅来越好”4 个服务场景，让读者享受读书、听书、借书、购书等便利服务。

其中，“浙里读书”“浙里听书”功能模块，汇聚丰富的在线阅读、听书资源。当你在线阅读电子书时，感觉文章字体太小看起来太累怎么办？可以点击页面左上角的齿轮图标，打开设置页面，点击“A+”或向右滑动滑块调大字体。

“共读好书”模块，提供“组队共读　分享读书乐趣”互动功能。可以邀请朋友共读一本好书，或者加入阅读达人共读小组，在线切磋读书心得，以文会友。目前，发起或加入共读组后，每天有1小时免费阅读时间。

点击“知识图谱”，系统会根据读者阅读兴趣精准推送知识词条、图书、新闻等，让你刷屏刷到停不下来。

“阅领风尚”场景，“名家引领”板块提供名家视频讲座内容，“阅来越好”场景开设“老年专区”，可以免费试听部分书籍。

在“全民阅读在线”页面，有些功能模块和服务场景是互通的，如点击“好书推荐”，即可进入“阅选好书”场景。

二、借书购书功能

“你选书我买单”作为“全民阅读在线”创新推广项目，目前由浙江图书馆提供服务。读者只需在“个人中心”输入读者证号及密码，就可以通过线上或线下方式从书店挑选新书，免费借回家，读完后还给图书馆，由图书馆支付书款。

未开通浙江省内公共图书馆借书功能的读者，可打开支付宝，搜索“图书馆信用服务”，凭550分芝麻信用分开通信用服务，即开即用。

借书具体步骤：进入“你选书我买单”页面后，使用身份证号登录→选择所需图书加入书架→填写收件信息→提交订单（馆藏图书可选择到馆取书服务）→支付邮费→图书快递配送→签收图书（借阅成功）。如选择到馆取书，无须支付邮费。目前，新书（书商直供，显示“浙江新华”等字样）仅限浙江省内快递配送，浙江图书馆馆藏图书全国均可下单。

目前，每位读者可在信阅平台选借新书（书商直供，显示“浙江新华”等字样）5册，借期30天，可续借1次，增加30天。借期自快递签收之日算起，至归还到馆之日为止。如果借阅馆藏图书，需注册开通图书所属馆的信用外借服务，并遵守该馆图书外借规则。

新书（书商直供）可归还至就近图书馆，馆藏图书须还至文献所属图书馆。也可进入信阅平台，登录个人中心，点击“我的借阅”，选择需要快递归还的图书，生成订单，支付邮费成功后，等待邮递工作人员上门取书。

如果想直接在网上购书，可点击“好书推荐”进入“阅选好书”场景，其中的“购好书”页面对图书进行了分类。搜索到心仪的书目并加入购物车，结算时填写收货地址、支付后即可坐等快递送书上门。

三、查询阅读阵地

点击“全民阅读在线”页面下方的“地图”，系统会根据你的定位，在地图上直观地标注出所在城市实体书店、图书馆、城市书房、农家书屋、职工书屋等阅读阵地的位置，点击图标可查看详细地址、联系电话以及线下活动，也可导航前往。

点击“全民阅读在线”页面下方“地图”，可看到阅读阵地位置

如何查看所在城市有哪些活动？可点击“品牌活动”，进入“阅享书香”场景。此场景将智能推荐同城即将举行、正在举行的活动。也可以在地图上查看到活动具体位置、活动内容等信息。

此外，针对阅读活动推广场景，“全民阅读在线”会在重要节日、重大时间节点，为读者推送“书香浙江”品牌阅读活动信息。

为引导群众积极参与阅读、培育阅读习惯，“全民阅读在线”还推出积分榜单。点击右下角“我的”，即可查看积分详情，完成阅读、参与活动、借购图书等，就可以积分刷榜，成为当地“阅读之星”。

第三节

如何将手机变成“随身听”

扫码看教学视频

70 多岁的张大伯家住杭州西湖景区附近。只要不是下雨天，早上 7 时左右，他总会泡上一壶茶，将手机挂在腰间，调好广播节目，蹬着自行车到柳浪闻莺公园，散散步、打打太极，开启活力满满的一天。

“智能手机不同于老年机，不仅有收音机的功能，还可以听许多其他内容。”张大伯说，在家时，他会将手机联上 Wi-Fi，尽情收听小说、相声、评书等。

如何将手机变成“随身听”？今天，我们介绍几款常用的电台软件的使用方法和特点。

近年来，国内音频新媒体平台不断涌现，除了“喜马拉雅”“蜻蜓 FM”“荔枝 FM”这些大众较为熟知的 App，还有中央广播电视总台音频移动端产品“云听”等专业平台。

一、云听

“云听”App 主打“听精品”“听广播”“听电视”三大内容板块。

“云听”是目前唯一设立党建频道的音频新媒体

“听精品”包含有声阅读、头部 IP 等内容，各行各业的知名人士在此开设了个人专栏。点击栏目右侧的“≡”进入频道导航，可点击进入频道或长按频道后进行拖拽排序。

值得一提的是，“听精品”板块设立了党建频道，为党建知识的学习提供更加丰富、便利的方式。而且，“云听”App 的即时新闻可以通过人工智能主播进行播报。

“云听”App 的第二个重要板块是“听广播”。“云听”仍然保留传统广播板块，细分国家台、地方台、本地台，并提供广播节目的碎片化点播、下载服务，满足传统听众的需求。你可以自由选择时间、节目内容收听直播，也可以回放往期节目、倍速播放。

“听电视”则将央广总台的精品电视栏目如《朗读者》《中国诗词大会》等进行音频重构，实现由“看电视”向“听电视”的转变。

二、喜马拉雅

打开“喜马拉雅”App 首页，点击“广播”图标，即可进入听广播页面。最上方“推荐区”是系统推荐的一批广播电台，下面的“找电台”可以根据区域或专业门类查找电台。打开电台播放页面后，左右滑动指针或点击“换台”图标，都可以切换电台，也可在节目单中回听往期节目，或预约第二天的节目。

当你在休息时听广播，可以使用“定时关闭”功能，这样系统会倒计时并自动关闭广播。

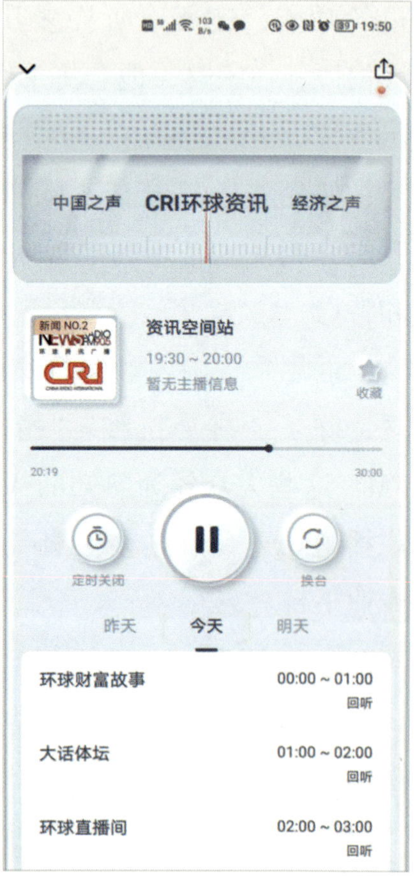

“喜马拉雅”电台播放页面

三、蜻蜓 FM

打开该 App 首页的“广播”图标，进入页面，滑动图标即可在系统推荐的电台名单中切换收听直播，也可在“听广播”

栏目中，点击地区菜单选择国家台、地方台或者网络台，点击分类菜单选择专业类电台。

该平台还对一些热门电台节目提供回听功能。点击新闻节目后，可以对以往节目进行选集播放。此外，“蜻蜓 FM”也包含相声小品、评书、脱口秀等老年人比较喜欢的音频栏目，还可以下载节目。

第四节 如何将手机变成KTV

扫码看教学视频

每到傍晚时分，开阔的公园绿地就成了中老年人的娱乐健身场所。70 多岁的张大伯喜欢唱歌，他最近从网上淘了一套便携式音响设备，晚饭后便来到杭州钱塘江边的六和公园，这里离住宅区比较远，唱歌不会扰民。

支起脚架，卡上手机，连上音响，伴着 K 歌软件的字幕和音乐旋律，张大伯尽情享受高歌的畅快。

“我早已为你种下九百九十九朵玫瑰……”歌声或铿锵有力或轻松舒缓，飘荡在钱塘江畔。

张大伯表示，在户外坚持练歌一段时间，明显感觉自己的心情变得更加轻松愉悦，也结识了一些音乐爱好者，其中不乏向他请教如何将手机变成 KTV 的老年朋友。

其实，有不少手机软件都能实现 K 歌功能，比如全民 K 歌、唱吧、酷狗唱唱、K 歌达人等，虽然这些软件的曲库、操作风格各有不同，不过只要安装一款软件，就能轻轻松松成为“麦霸”，体验一回当明星的感觉。今天，我们介绍几款常用软件。

一、全民 K 歌

首先要在安卓应用市场或苹果 App Store 搜索并安装“全民 K 歌”App。打开软件后，可用微信直接登录。

点击首页正下方的“麦克风”图标，打开点歌界面。该界面主要有三个功能区块，最上方的搜索栏提供了歌曲、歌手搜索；中间的分类找歌区块提供“榜单”“歌手”等多样化找歌通道；下面的推荐区块则是系统智能化推荐的一批热门歌曲。

找到歌曲后，点击左侧头像，可试听歌曲；点击右侧“K 歌”按钮，进入唱歌界面。如果对歌曲不是很熟悉，可点击右上方的“练唱”，对歌曲进行分段练唱测评，其间可开启或关闭原唱。

唱歌界面默认开启音频和独唱功能。点击“开始独唱”进入录歌模式，可选择跳过前奏、开启原唱。演唱时，系统自动进行评分。演唱完成后，系统会进行多维打分，可通过调音台来调整歌曲的音效、音色、均衡度等，调整完成后，生成并发布作品。

在“全民 K 歌”App 主界面，点击右下角“我的”标签，可查看已保存的录音。

此外，还可以听好友“K 歌”。打开软件首页，点击左下角的“动态”按钮，再点击上方的“关注”，即可看到好友演唱并上传的歌曲。点击好友头像或昵称，即可进入他（她）的个人专辑，欣赏其歌声，也可点“关注”，成为他（她）的粉丝，进行评论、点赞等。

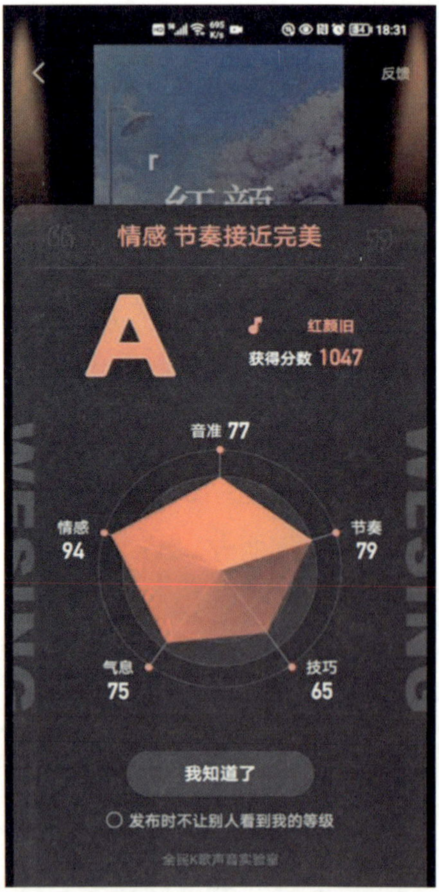

“全民 K 歌”的“多维打分”界面

值得一提的是，“全民 K 歌”App 的“多维打分”功能可以实时捕捉用户在歌唱中出现的颤音、滑音等指标，并通过计算分解，与原唱进行对比，从而更加合理地对用户的歌唱技巧进行评分。平台还融入 AI 技术的创新玩法，其中的智能修音功能，可以帮助用户智能矫正并优化音准、节奏等，相当于为用户的声音“一键美颜”。

二、唱吧

下载并安装“唱吧”App 后，打开软件，使用手机号一键登录。点击正下方的“麦克风”按钮进入“选歌”界面，可在最上方的搜索栏搜索想唱的歌曲，也可点击“歌手”图标找到歌手的专辑，或点击“分类”图标，按主题、场景等进行分类搜索。

点击歌曲右侧的“+”号，该歌曲被收录进“已点歌曲”中，方便以后快速调取歌曲。点击“已点”图标，就能在“已点歌曲”中看到所有被收录

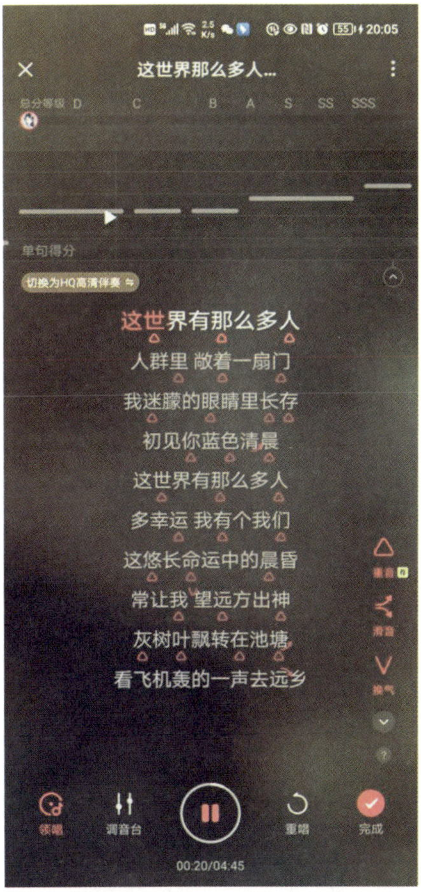

“唱吧”App 的歌词下方，以三角形标记重音

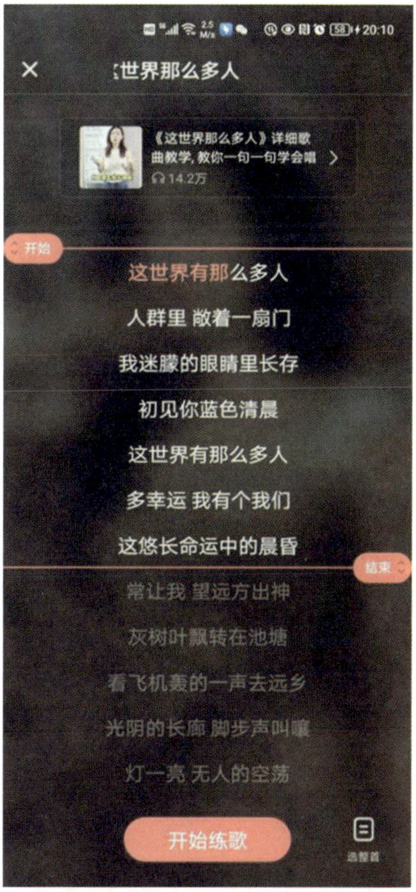

“酷狗唱唱”App 可手动选择歌曲某部分练习

的歌曲，长按歌曲名称，即可删除该歌曲。点击歌曲右侧的“演唱”，进入演唱界面，可选择“唱片段”“唱整首”或“发起合唱”，点击“演唱”按钮开始录音，这样就可以对着伴奏和歌词K歌啦。歌词下方标记的三角形是重音记号，录好歌曲后点“完成”，就可以保存刚才演唱的歌曲了。

三、酷狗唱唱

下载并打开“酷狗唱唱”App,点击正下方的“麦克风”图标进入点歌界面，可直接搜索歌曲，或按“歌手”“分类”等标签进行搜索，或在系统推荐的榜单中查找歌曲。

点击歌曲旁边的“+”号，则添加歌曲到“已点”栏目。点击“K歌”按钮进入演唱界面，如果对歌曲不是很熟悉的话，可点击右上角的“练唱”，进入“练唱”界面，手动选择歌曲的开始、结束部分进行选段练习，点击歌词区域可暂停播放。

点击“开始练歌”按钮，进入录唱界面，点击左下角的“原唱”按钮，开启原唱。

【温馨提示】用手机K歌，怎么唱效果好？1. 建议选择一个相对安静且封闭的录制环境。2. 使用耳机或者专业外接麦克风录音，音质比手机麦克风收音清晰。用耳机录音时，建议只戴上一个耳机，可以在唱的时候听到自己的声音并及时调整。3. 在录音时选择一个合适的收音距离，过于接近麦克风容易导致喷麦，过远则无法清晰收音。4. 在K歌时选择助唱，可以提高唱歌分数，如果有原唱也能更容易找到调。

第五节 如何用手机投屏看电视

扫码看教学视频

阮大伯退休后，渐渐成了“低头族”。虽然这样能让他掌握新资讯、学到新知识，而且网上购物、刷短视频、追电视剧，给他的生活带来很多乐趣，也扩大了朋友圈，但是因为手机屏幕小，长时间戴着老花镜看，对眼睛很不好。

“家里的电视机几乎成为摆设，要是有办法将电视屏幕变成手机显示屏，在电视上看照片、听音乐、播视频，那该多好。”阮大伯感叹。

其实，家里的电视机如果是智能电视或者接上机顶盒，都是有办法变成手机大屏的。今天就来学一学手机投屏的方法。

一、用手机电视自带功能投屏

我们可以通过手机的无线显示功能，来连接具有无线显示投屏的电视设备实现手机电视同屏。现在的智能手机大多都带有投屏功能，不过在手机端的显示因不同系统而异，比如在安卓系统中显示为“手机投屏”或“无线投屏”，而在 iOS 系统中则是“屏幕镜像”。

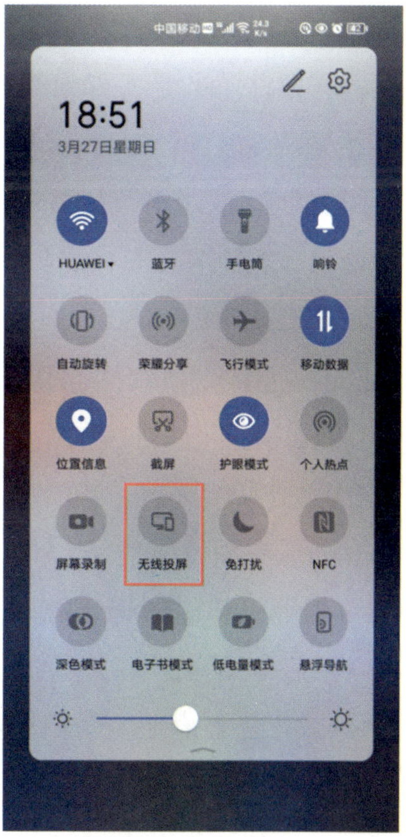

智能手机自带“无线投屏”开关

投屏除了要软件支持还得有硬件支持，无线投屏功能需要电视机支持 Miracast 协议并且打开 Miracast 开关。通俗地讲，这个协议的作用，就是把手机上的多媒体内容分享到电视机等大屏幕设备上。如果家里的电视机不是智能电视，可以使用网络机顶盒实现手机和电视的连接。

具体操作步骤是:（1）确保手机和电视连接了同一个 Wi-Fi;（2）打开电视机内的“无线投屏”功能，可以在“我的应用”中找到并打开“无线投屏”，选择“Miracast”，此时会显示等待连接的状态;（3）从手机状态栏向下拉出通知面板，或者按“设置—更多连接—手机投屏”的步骤，开启“无线投屏”，同时开启“蓝牙”，搜索电视机或者机顶盒设备;（4）在设备列表选择对应的电视端设备名称，等待系统连接完毕后，即可在电视机上显示手机屏幕，手机上的操作会同步到电视机上。当手机开启“自动旋转屏幕”功能后，就可以在电视上全屏看视频了。

需要注意的是，如果智能电视或网络机顶盒没有打开 Miracast 开关的话，“无线投屏”有可能执行另外一种叫作 DNLA 的协议，这种情况下只能投屏图片、音乐、视频等媒体内容。

二、用视频软件自带功能投屏

现在大部分的视频 App 像爱奇艺、腾讯、优酷等，都有“TV 投屏”功能，一般在播放界面就能找到。具体操作步骤是:（1）将手机和电视机连接到同一个网络;（2）在手机端打开视频 App，点播视频;（3）点击右上角 TV 投屏图标，选择要连接的投屏设备名称，完成设备连接，即可将正在播放的视频投屏到电视播放。相比 Miracast 协议的投屏方式，TV 投屏时手机

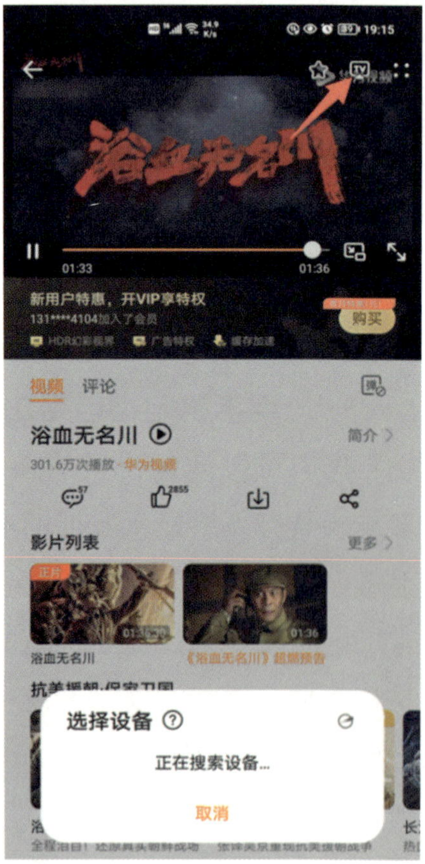

视频 App 的播放窗口自带 TV 投屏功能

可以退出当前视频去看微信、回复消息等，不过当播放完一个视频时，电视会自动断开和手机的连接，下一次要播放新的视频时，还需要重复上面“TV投屏”的操作。

三、用第三方软件投屏

这个方法苹果系统手机和安卓系统手机通用，我们需要提前在电视中下载第三方投屏软件，比如“乐播投屏”“悟空投屏”等App，根据应用的相关提示即可投屏。

以乐播投屏为例，具体操作步骤是：（1）分别在手机“应用市场”、电视机“应用商店”搜索并安装“乐播投屏”软件；（2）分别打开电视端和手机端的“乐播投屏”软件，用手机端软件扫描电视上的二维码，就可以将手机屏幕展示在电视上了。

值得注意的是，电视自带的“无线投屏”功能和第三方软件的投屏功能，都有电脑模式。也就是手机投屏电视后，电视会变成类似电脑系统的风格，此时手机是一个触摸版。当打开手机的屏幕“自动旋转”功能，将手机横放时，电视会自动切换成全屏，并显示手机中已安装的应用。在电脑模式下，还可以通过语音来遥控电视，比如对着手机说“打开视频”，电视屏幕上就会自动打开视频软件，说“全屏播放视频”，视频窗口就会全屏显示。

四、用视频转接线有线投屏

如果手机不支持无线投屏，或网络不稳定，我们还可以通过有线连接来实现投屏。如果电视机带有HDMI接口，可以通过HDMI转接线来实现，如果电视机只有VGA接口，则可以通过VGA转接线来实现。

以安卓系统的手机为例，操作步骤是：（1）使用一根Type-C转HDMI线，Type-C端插入手机接口，HDMI端插入电视机接口；（2）在电视输入信号的选择菜单里，选择输入信号为“HDMI”，即可开启投屏模式。注意：不同设备具体显示会有所不同。

相对于无线连接方式，使用转接线投屏能带来更稳定、流畅的投屏效果。而且除了投屏至电视机，还可以将Type-C接口的手机/电脑投屏至投影仪，即插即用免驱动，而且可以调为双屏扩展模式，多任务分屏操作解决不同需求。

总结一下，手机投屏有无线投屏和有线投屏两种模式，其中无线投屏需要有无线网，而且手机和电视要在同一个网络环境才能投屏；有线投屏无需网络，只需一根 Type-C 转 HDMI 转接线就能连接，而且信号更稳定。

第六节 警惕陷阱，理性追剧

近几年，微短剧凭借扣人心弦、跌宕起伏的剧情在各大平台快速走红，不少老人闲来无事就会打开手机刷短剧。

扫码看教学视频

本是放松的娱乐活动，若沉迷其中可能引发一系列计划外的消费。与长视频不同，大量微短剧采用付费订阅的模式，也就是剧集需付费观看，一些老年消费者由于对网络不熟悉，往往容易落入微短剧付费陷阱。

老年人如何远离“陷阱”合理追剧呢？一起来“避坑”吧。

一、学会辨别不合理的收费现象

1. 自动扣费

老人对需要输入密码付款的订单都比较警惕，但大部分微短剧订单都是自动扣款。随机进入部分微短剧小程序查看，发现其充值页面上均自动勾选了“默认开启自动解锁下一集”选项，且能够自动扣款。

中老年人对手机使用不熟练，只看到“解锁一集只需 0.9 元”的诱导，却没有注意到“默认下一集自动解锁”的选项。

警惕：一旦跳转付费解锁或充值页面，仔细观察下方有无“默认开启自动解锁下一集”字样，若发现这一选项请不要勾选。

2. 虚假优惠

微短剧的高额消费基本产生在小程序里，观众先被短视频平台上的切片视频吊起胃口，再进入微短剧小程序付费解锁。

在解锁过程中有些充值折扣看似优惠，但实际付钱时又与宣传不符，即虚假宣传；还有些开通全站会员后，观看平台中某些剧集仍然需要付费；有些小程序充值后，该小程序随即下架，再也无法使用。

警惕：老年朋友在跳转解锁页面时，要看清楚商家的服务规则和收费标准，不要盲目跟风。也可直接关闭页面，防止误触购买。

二、理性追剧

1. 远离算法的“精准营销”

短剧路径一般由短视频平台推荐，之后跳转微信小程序观看。在短视频平台上只要点击多次相似内容就会被不断推荐短视频 App，一旦进入小程序付费则又会被微短剧投放公司精准捕捉，成为重点投放用户，后期还会被添加微信拉入微信群。

因此，大家在刷短视频时遇到微短剧尽量减少点击，或长按选择“不感兴趣”，这样一来就不会被“算法”盯上。

2. 选择正规的追剧平台

微短剧不合理诱导消费、隐瞒收费事实、自动续费等收费乱象多存在于小程序内，若喜欢追剧要尽量避免使用小程序，可使用微短剧 App 或正规长视频平台，这些软件有免费剧集，收费模式相对而言更合理。

红果短剧：又名红果免费剧场、红果免费追剧，既可以免费阅读小说又可以免费观看短剧。

火山短剧：免费观看短视频短剧，覆盖近上千部热门短剧，资源超多，最上面还可以搜索。

短剧大全：只有“首页”和“我的”两个界面，简便易操作，而且全程无广告。

抖短剧：可以免费观看多种类型的短剧，且画质高清。

麦田短剧：有较多热门短剧视频，可根据个人的喜好，定制个性化的短剧推荐内容，页面美观，操作流畅。

网页浏览器：在百度、夸克、UC 浏览器等网页搜索想看的微短剧名称，也可免费观看。

此外，还可以下载央视频、爱奇艺、优酷、腾讯等正规知名平台，这些软件包含各种类型的电视剧、电影、综艺节目等，可满足大家的多样选择。

三、追剧小贴士

1. 设置“长辈模式”方便查找观看。以“优酷视频”为例，下载安装后点击“我的”“设置”“长辈模式”“开启长辈模式”，页面更加简单清晰，字体更大，可点击分类查看不同类型影视剧目，也可点击上方搜索框直接搜索。

2. 追剧要适度。在选择电视剧时，可以选择一些轻松、愉悦的内容，避免过于刺激或暴力的场面。长时间观看手机屏幕对视力有一定影响，建议老年人观看一段时间后适当休息。也要注意控制观看时间，避免长时间保持同一姿势导致身体不适。

8

第八章

康美生活篇

第一节

如何玩转“潮新闻”

作为浙江“传媒舰队”中的主力战舰，潮新闻客户端自 2023 年 2 月启航以来，成了很多老年朋友获取新闻资讯的“掌中宝”。除了看新闻，潮新闻客户端还有许多其他功能。如何玩转“潮新闻”,成为一名“潮客”？今天，我们就来学一学。

一、注册成为“潮客”

首先，在安卓系统的“应用市场”或 iOS 系统的 App Store,搜索关键词“潮新闻”，下载安装该应用。

首次使用时，可用自己的手机号码注册一个新账号。具体操作步骤是，点击右下角“我的”，再点击页面上方“登录”按钮，输入手机号码，勾选用户协议选项并获取验证码。

输入验证码登录后，即可获得系统随机分配的头像、昵称。点击左上角的“头像”可更换头像、昵称，选填其他个人信息。首次登录后，每次打开潮新闻客户端就不需要重复登录了。

二、拍摄或上传作品

这里要分两种情况，第一种是随拍随传。可点击页面正下方的“视频”图标，再点击右上角的摄像机图标；或者先点击页面正下方的“潮客”，再点击右下角的“+”图标

用潮新闻拍摄上传作品

选择“小视频”；进入拍摄界面。点击右侧竖条工具栏的“旋转”按钮切换前置或后置摄像头，随后点击蓝色按钮开始录制，按钮外圈显示拍摄时长。

可以“一镜到底”拍摄作品，也可将作品分成若干个场景来录制，当拍完一个片段，点击拍摄按钮暂停录制，然后换到新场景，再点击拍摄按钮继续录制，以此类推就能一段接着一段积累素材了，视频总长度需控制在 10 秒至 60 秒之间。

此外，拍摄页面还提供变速、滤镜、美颜等特效功能，给创作带来不少乐趣。比如，使用变速功能中的“极慢”“慢”，会让拍摄出的视频呈现慢镜头效果。

第二种是上传视频素材。在拍摄界面点击录制按钮右侧的“相册”，从图库中选取视频、图片素材或成品。

接下去便是剪辑环节了，目前直接录制的视频仅支持在轨道上按住首尾进度条调节长度，而用上传素材的方式，可对片段单独进行删除、调节长度的操作。

三、发布作品刷视频

经过剪辑、配音乐、加字幕、选封面等操作后，进入发布作品的最后一个环节。点击“参与话题”按钮，在热门话题中选择合适的主题，然后添加描述，点击“发布作品”按钮，待审核通过后，作品就在话题中展现。

在个人主页查看自己的作品和动态

如果作品是带话题发布的，可在潮新闻客户端点击“潮客”频道，进入“话题”栏目中的相应话题，切换“最热”或“最新”，查看最受欢迎的和最新上传的作品，就能快速找到自己新发布的作品了。也可点击右下角“我的”，进入“个人主页”，查看自己的作品和动态。

此外，“潮客”频道还精选了一批热门作品供欣赏，往上滑动切换视频，可进行关注、点赞、评论、转发等互动操作。

你学会了吗？快来动手拍起来，加入“潮客”大家庭吧。

第二节 如何申领使用电子证照

最近，金大伯带孙女去杭州少儿图书馆借书时，忘带市民卡、身份证等证件。正当他犯愁时，志愿者及时出现，帮他从手机上调出电子社保卡，成功借阅了图书。

如今，在浙江多地，出门不带钱包，一部手机全部搞定成为常态。如果你在浙江住酒店、买药时忘带证件，可以通过支付宝或“浙里办”App 申领出示电子身份证、医保电子凭证等电子证照，办理相关业务。

今天，我们以几种常见的电子证照为例，介绍其申领使用方法。

一、申领电子驾驶证、行驶证

可以通过两种途径申领电子驾驶证、电子行驶证。

第一种方法：下载登录“浙里办”App，点击首页上方“卡包”或者右下角“我的”，进入“我的证照”，点击“关联证照”，在全部证照中找到“机动车驾驶证”“机动车行驶证”或“电动自行车行驶证”，刷脸认证后，系统自动获取本人名下证照信息，点击“同意协议并授权关联”，即可将驾驶证、行驶证添加到“我的证照”中。

此后，只需打开“我的证照”页面，就能很方便地找到机动车驾驶证、行驶证页卡。

点击二维码，可在长三角各地路面检查时亮证使用，或在长三角各专窗亮证办事。

第二种方法：打开支付宝首页后，点击右上方的“卡包”，进入“证件”

页面，点击“添加”，选择“驾驶证”或“行驶证”，系统会根据定位自动关联“浙里办”进行身份验证，完成刷脸认证后，自动获取本人名下证照信息，完成电子驾驶证、行驶证的添加。

电子驾驶证、电子行驶证页面下方还关联驾驶证、车辆年检预约等业务，期满换证、变更机动车驾驶人联系信息等事项在手机上就能办理。

二、申领电子身份证户口簿

通过支付宝或“浙里办”App都可申领电子身份证和户口簿。

通过“浙里办”App申领电子身份证，只需在“关联证照”页面选择“浙

通过“浙里办”App或支付宝的“卡包”，可以申领各种电子证照

“浙里办”App“我的证照”界面

江电子身份证”，经过刷脸认证，系统就会自动获取个人身份信息。点击同意协议并授权关联后，即可获取“浙江电子身份证”。

如需添加户籍信息，经过刷脸认证后，可将家庭成员信息全部添加到“我的证照”中，方便查询或扫码亮证。在浙江省内办事，无须携带户口簿原件，系统可直接数据共享。

在支付宝“卡包”的“证件”页面，点击“添加”，选择“居民身份证”，系统会自动提取个人身份信息，同意协议并刷脸认证后，即可申领到“浙江身份码”。

目前，“浙江电子身份证”或“浙江身份码”仅用于省内部分地区酒店入住或长三角专窗办事等场景。

支付宝申领电子户口簿时，需进行刷脸认证，授权系统关联个人信息。此时，如果无法查看电子户口簿详情，可通过“我要纠错”提交翔实个人信息，以便后台更正。

三、查询个人健康档案

如今，电子社保卡已与电子健康卡融合形成“健康医保卡”，使用“浙里办”App 领取“健康医保卡”，或用支付宝领取“医保码”后，即可享受预约挂号、就诊付费、检查取药、报告查询等服务。

那么，怎样查询个人健康档案或医院检查报告呢？以“浙里办”App 为例，点击“健康医保卡”进入“浙里健康 e 生”，即可便捷查阅健康概况、医疗服务、公共卫生以及自我健康管理等信息，随时随地了解自己的健康状况，提高自我保健能力。

比如“健康概况”栏目，可签约、咨询数字家医；可通过“健康画像”查看自己的过敏史、外伤史，门诊、住院情况等；可通过“健康记录”查看自己历来的就医记录、门诊病历、检查报告等。

“医疗服务”栏目不仅可查阅各种诊疗服务记录，包括门诊病历、门诊处方、住院病案、检查报告、检验报告、体检报告，还提供了互联网医院和体检预约链接。

“公共卫生”栏目汇聚疫苗接种、家医签约、高血压管理等公共卫生数据。

四、查询个人社保信息

在“浙里办”App 申领到“社会保障卡”后，打开页面可凭电子社保卡办理省内部分图书馆借阅图书、博物馆入馆参观、景区预约购票入园等事务，无须出具其他身份证明或材料。

点击“社保查询”，可了解自己基本养老保险、工伤保险等的基本信息、缴费信息，查询个人社保账户详情。

点击“社保证明打印”，可打印个人参保证明 / 历年参保证明 / 待遇发放证明 / 养老保险参保缴费凭证。

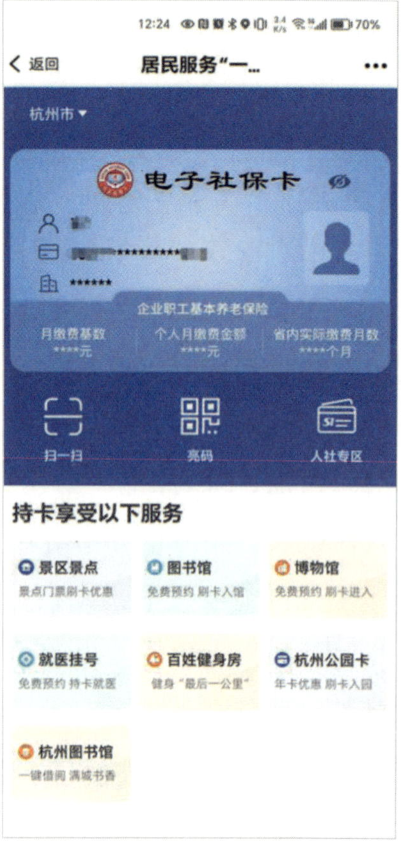

“浙里办”App“电子社保卡”界面

第三节 如何使用“浙里办”的生活服务功能

每天早上，家住杭州市滨江区的李大伯总要抱着他的贵宾犬出门溜达。对不少老年人来说，养只小宠物能给生活带来乐趣，也是排遣寂寞的一种方法。不过养宠物是有条件的，比如养犬必办证、遛犬必牵绳、犬便必自清，而且，很多烈性犬是禁止饲养的。

养宠物狗，主人需要给它办个“身份证”。按照以往的办理流程，申请人需要到社区、街道审核盖章。不过目前，杭州、宁波、温州、湖州、嘉兴、衢州等地市民，不用东奔西走办手续，在手机上就能办理“电子犬证”。以后，出门遛狗遇到执法检查不用回家拿证，拿出手机就可以在线查看养犬许可证，而且还可以在线年审、缴费。

如何办理“电子犬证”？如何享受便利的生活服务？今天，我们介绍“浙里办”App 的几项生活服务功能。

一、办理审验“电子犬证”

打开“浙里办”App 首页，点击下方的“办事”栏目，能看到许多常见应用，如公积金、社保、健康医保等。向下滑动页面，进入“生活服务”板块，其中包括水电网燃、宠物管理、气象环境等子项目。

点击宠物管理下面的“犬类服务”图标，进入服务页面。该页面主要包括登记上牌、年审缴费、服务点查询、政策法规、养犬知识等内容。如在杭州申办犬证，需事先准备免疫证、身份证（正反面）、爱犬照片等材料。

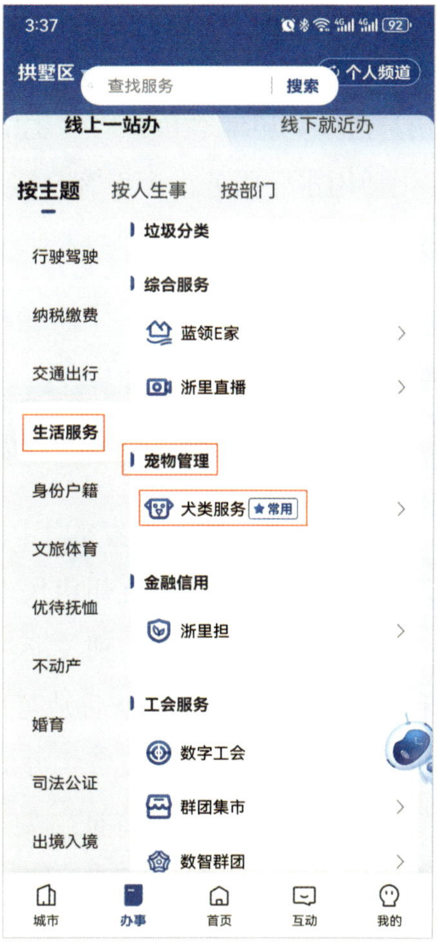

用“浙里办”申办犬证

申办步骤主要有：（1）完善犬主信息，进入申报页面，仔细阅读《文明养犬告知书》和《承诺书》，补充完整犬主基本信息，上传身份证正反面；（2）完善犬只信息，填写爱犬的基础信息，根据提示拍照或者上传三张美美的照片；（3）免疫认证，输入免疫证号并验证，只有畜牧兽医局指定免疫服务点颁发的免疫证才有效；（4）申报提交 / 查看办理进度，选择犬证发货类型，支持自取或快递，如果已给犬只注射芯片，可输入芯片编号，犬证申办期间，可查询办理进度；（5）犬证发放，申请成功后，会收到缴费通知短信，在 App 内缴费成功后，会自动生成电子犬证（同纸质犬证效力一样）。

养犬许可证是需要年审的，首次办理年审缴费市民须关联犬证，按要求拍照或上传三张近期犬照，缴费后即可完成年审。

二、办理水电网燃缴费业务

在“浙里办”首页搜索“公共支付”，进入公共支付界面，即可办理交通违法缴款、教育缴费、水电燃气缴费等业务。

点击“水电燃气缴费”，再点击“水费”“电费”或“燃气费”，选择首次或非首次缴费选项，可添加或选择缴费账户，进行缴费。

此外，“浙里办”App 首页的“生活服务”板块还提供“水电网燃”的其他业务办理，如申请或取消峰谷电、“一户多人口”优惠用电申请、用电用户过户、电能表校验等“生活用电”服务，取水许可申请、变更、延续等“生活用水”服务，个人客户接气申请、气表过户、气表暂停等“生活用气”服务。

第四节

如何在线乐享老有所养

扫码看教学视频

近日，刚满 70 周岁的王阿姨在家人帮助下，分别通过“浙里办”和“杭州市民卡”App 提交身份证、一寸照片等材料后，申领到《浙江省老年人优待证》红卡和杭州通·长者卡，今后她可以在杭州免费乘坐公交，也可以免费进入政府投资主办的公园。王阿姨感慨，10 年前办张“老年人优待证”要几个月，现在即审即领，在家里点点手机就把证件办好，由快递送证上门，真是太方便了。

在浙江，“老年人优待证”几乎是每位老人随身携带的“神器”。60 至 69 周岁的老人持“绿卡”，70 周岁以上的老人持“红卡”，出入公园、博物馆、电影院、景区等场所，都能享受到不同程度的优待政策和绿色通道。近年来，浙江扩大老年优待政策的范围，省内外老年人只需出示身份证、户口簿、市民卡、驾驶证等能够证明年龄的合法证件，就能在省内享受同等优惠。此外，办理老年乘车卡的老人，还可以享受城市公交、地铁的优惠或减免政策。

如何在线办理“老年人优待证”？如何用手机获取丰富的养老服务？我们一起来了解。

一、在线办理老年人优待证

年满 60 周岁或 70 周岁、需要办理“老年人优待证”的老人，可由本人或家人通过“浙里办”App 在线免费办理“红卡”或“绿卡”。

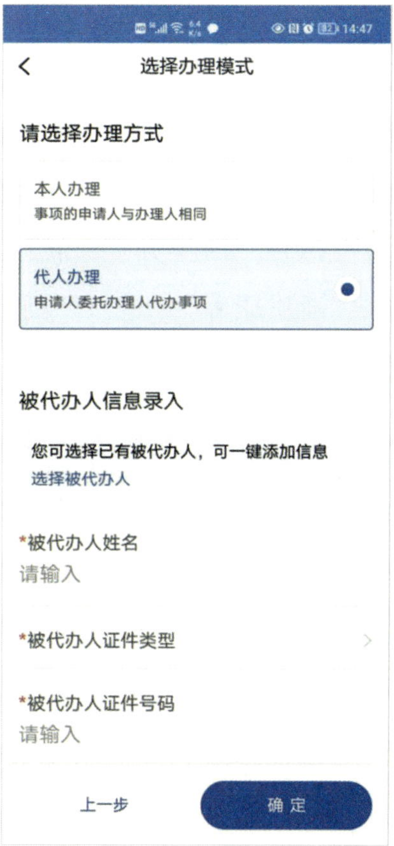

“浙里办”老年人优待证办理界面

具体操作步骤是：打开支付宝或“浙里办”App 首页，在搜索栏搜索“老年人优待证”即可进入办事页面，符合申请条件的老年朋友可选择“本人办理”进行在线申请，也可选择“他人办理”，由子女代为申请。完成在线填表、上传材料，选择取件方式，即可提交审核。“老年人优待证”全省通办，可选择快递到家。

目前，浙江大多数城市还没有将“老年人优待证”和老年乘车卡功能打通。想要享受城市公交、地铁出行优惠或减免政策，老年人需要前往当地公交公司或市民卡公司服务窗口现场办理老年乘车卡，也可在相应公司软件平台在线办理，由快递送证上门。

不过，也有地方先行先试。金华永康

市早在 2014 年就将老年证和公交 IC 卡“两证合一”，老年证可直接在公交车上刷卡使用。经过流程再造和技术革新后，当地实现老年证与公交卡“两证合一”即办即领，创全省先河。

杭州的情况怎么样？目前杭州“老年人优待证”不带乘车卡功能，老年朋友可到杭州市民卡办事窗口即办即领杭州通 · 长者卡，也可通过“杭州市民卡”App 办理乘车卡，邮寄到家。

“杭州市民卡”申领老年乘车卡具体操作是：下载并安装“杭州市民卡”App，在首页点击“城市服务”，进入“交通出行”栏目的“杭州通申领”，选择要申领的杭州通类型，根据要求进行身份验证、上传照片、补全信息后，就可以提交信息制卡和邮寄杭州通 · 长者卡。

二、享用家门口的养老资源

打开“浙里办”App 首页，在搜索栏搜索“浙里康养”，进入“浙里康养”主页面，点击页面最下方的“养老地图”图标，进入“养老地图”。这里直观展示全省养老机构、老年食堂、养老中心、照料中心等养老资源分布情况。点击页面上方地区选项，可切换查看不同地区养老资源。点击“查找资源”，则会出现地图和列表相结合展现方式，更便于分类查找养老资源。

“养老地图”界面

在地图或列表中点击任一养老机构，可了解床位数、入住率、护理人员比例、基础费用等营业信息，通过 VR 实景体验养老机构整体环境、床位情况等，也可通过电话咨询、线上预约、导航到目的地等方式，进一步了解养老机构情况。

在浙江，很多老年人选择居家养老。不

过对于一些高龄老人来说，每天买菜、做饭、洗碗是很烦琐的事情，自己烧菜不仅菜品不丰富，还容易剩菜。“养老地图”提供“我要点餐”功能，老年人可以在线查找附近老年食堂，前往堂食或选择配送服务。

此外,“浙里康养”的“市县场景”集纳省内部分居家养老典型场景应用。

嘉善县以“浙里康养”为核心，上线城乡共养“颐养智享”应用。用户实名认证后，应用会为老人“画像”，并实时推送养老服务补贴、长护险、高龄津贴等一系列政策福利，变“人找政策”为“政策找人”。用户可在平台上一键下单，预约上门理发、居室清洁、衣被清洗、上门做饭、陪同外出等服务。

嘉兴市南湖区将解决高龄和失能等特殊老年人“吃饭难”问题列为政府民生实事项目，通过“南湖社会助餐”场景应用，为全区有需求的老年人提供助餐资格申请，依托当地镇（街道）居家养老服务中心、城乡社区居家养老服务照料中心、社会餐饮企业、养老机构等载体，提供集中就餐、上门送餐服务。

第五节 如何在手机上预约家政服务

温州的刘女士会请家政人员每半个月上门做一次保洁，每半年做一次家电清洗。最近，刘女士准备找个住家保姆照顾老人。往年，她得去温州市家庭服务市场物色，现在只需动动手指，在手机上就能查看保姆基本情况、技能信息、健康状况、征信信息等，不出门就能找到心仪的保姆。

2021 年 8 月 1 日起正式实施的《温州市家政服务条例》明确规定，家政服务人员应持家政服务码上岗，消费者可以要求其出示服务码并核实。也就是说，家政服务人员要在人社局建卡留档，上线温州家政服务云平台，拥有“家政服务码”后，家政公司才能派单。

对老年人来说，如何通过手机预约上门保洁、陪护、助浴等家政服务，用上素质过硬、人品过硬的保姆？今天，我们一起来了解通过手机请保姆、保洁人员的方法。

一、通过“浙里好家政”预约服务

目前，浙江已有不少城市的政府部门主导建设家政服务平台。

在“浙里办”App 搜索栏输入关键词“家政”，可以搜索到“浙里好家政”“享家政”“家政一键通”“家政服务云”等多个家政服务平台。

杭州地区可使用“家政一键通”平台，购买家庭保洁、家居保养、家电清洗等服务。如点击“家庭保洁”图标，即可查看不同家政公司提供的日常保洁、擦窗等服务价格。点击“立即购买”，了解服务区域、商品详情后，点击“立即下单”，随后确定服务数量、添加地址，即可预约下单。

临海地区可使用“浙里好家政”平台。该平台为消费者提供“找家政”服务，为家政员提供“做家政”服务，实现就近就便服务的精准匹配，提高服务效率。具体而言，消费者可以通过平台找家政服务、找家政机构、找家政服务员、发布家政需求；家政员可以在平台上浏览招聘信息、预约体检和培训、办理社保等。

宁波地区可使用“81890 生活通”平台，该平台为市民提供找保姆、家政清洁、搬家开锁、水电维修等各类服务，满足衣食住行乐各方面生活需求。如点击“生活照料”，即可了解家务保姆、照顾老人等服务价格，下单预约相关服务。

“81890 生活通”平台

温州地区可使用“家政服务云”平台，该平台上的家政人员都已通过审核，达成岗前培训、公安审核、健康体检等所有就职条件。雇主在手机上浏览、筛选出中意的家政服务人员后，可在线联系对应的家政公司，并进行三方视频面试，若满意则可直接在线签订合同。

二、通过支付宝等预约服务

如今，通过支付宝、美团、高德地图、58 同城等众多平台都可以预约保洁清洗、保姆陪护等家政服务，就像点外卖一样方便。

通过支付宝找家政服务

打开支付宝 App，在搜索栏搜索“家政”，可搜到数十个由科技公司、家政服务公司打造的家政服务小程序。如需保洁清洗服务，可进入不同平台，了解服务内容、单价、用户评价等信息后，预约服务项目、上门时间。

打开美团 App，在搜索栏搜索“家政”，即可搜索到附近提供上门家政服务的商户，包括家庭保洁、保姆、家电清洗等项目。消费者需了解商家提供的服务内容、服务流程、注意事项，以及网友评价等，货比三家后再下单。

打开高德地图 App，在搜索栏搜索“家政”，即可搜索到附近家政服务商家，查看其详细地址和咨询电话。如需保洁服务，可直接选购服务项目，或电话咨询商家。如需找做饭阿姨，可根据自己口味、预算等要求，向客服发起咨询。

58 同城 App 也设置有“家政”专区，为消费者提供保洁、搬家、保姆陪护、家电维修等本地生活服务。

第六节 如何寻找修补小店

修鞋、换拉链、剪裤脚、配钥匙……这些“针头线脑”的小事，却是老百姓日常生活的刚需。然而随着城市发展，这些“小修小补”摊位逐渐退居老城区的角落。找不到、不知道去哪找“修补小店”是很多人的共同感受。今天，我们给大家介绍通过微信和地图软件找“修补小店”的方法，快快学起来吧。

扫码看教学视频

一、用微信寻找修补小店

在商务部的号召下，微信和腾讯地图联合发起了“小修小补”引路行动，上线“小修小补”便民地图，并向市民开放地图共建入口。也就是说，市民在微信上就能查看附近的修补服务点，还能送小店在地图上“出道”，让它被更多人看见。

如何用微信找修补小店？第一步，打开微信进入“搜一搜”页面，输入关键词“小修小补”进行搜索，页面顶部出现缩略图。

第二步，点击缩略图进入小修小补便民地图，定位后就能快速找到附近的小修小补店铺，目前已包括修鞋、配钥匙、开锁、裁缝店、手机维修、电动车维修、自行车维修、钟表维修、家电维修等多类小店。

第三步，点击地图上标记的店铺图标，

用微信搜索关键词“小修小补”

即可查看地理位置、门面照片、营业时间、联系电话等，还可一键导航。

如果在微信平台按照以上操作不能一键打开腾讯地图进行导航，可直接通过腾讯地图 App 搜索“小修小补”，找到附近的修补店铺后导航前往。

二、用地图查找附近的修补小店

在“小修小补便民地图”界面

不管你使用的是高德地图还是百度地图 App，都可以在其首页的搜索栏输入关键词来搜索。如要裁剪裤脚、改款衣服，就输入“裁缝”；要换鞋跟、贴鞋底，就输入“修鞋”；要配钥匙、换锁芯，就输入“配钥匙”……然后点击“搜索”按钮，地图上就能标记出一批附近的店铺，并以列表形式呈现在地图下方，包括店铺缩略图、店铺名称、与你的距离等信息。

将手指按住列表往下拖动放大地图，然后用两个手指同时在屏幕上缩放、移动，可调整地图大小、位置。左右滑动页面底部的店铺缩略图，地图上会对应显示不同店家所在的位置。

点击地图上标注的或列表中显示的某个店铺，可查看店招、营业环境照片，以及营业时间、地理位置、经营范围、用户评价等详细信息。

如果不熟悉路况，可点击地图右下角的“路线”或“到这去”按钮，即可规划行程。一般来说，“小修小补”的摊位或店铺大多位于农贸市场、背街小巷、商业老街，推荐使用步行、骑行或公共交通的导航模式前往。

如果你想查看某个指定区域的修补点分布情况，可在地图上长按该区域，待出现锚点后，在页面底部点击“周边”图标，然后在搜索栏输入“修鞋”等关键词，即可在地图上搜索到该区域周边的相关店铺。

百度地图 App 还提供了“全景”功能，在地图上点击某个搜索到的店铺时，可直观看到其所在街巷的实景，便于定位查找。

三、查找上门维修的店铺

如果出门太急忘带钥匙，或是家里门锁坏了要换新，该如何查询并联系附近的修锁店提供上门开锁、换锁服务？

打开高德地图或百度地图 App，在搜索栏搜索“开锁”，就能找到一批提供开锁服务的店铺名单。点击店铺头像进入详情页面，可查看其具体位置、咨询电话、经营范围、用户评价等信息。往上滑动页面到底部，点击“店铺资质信息”栏目，可查看其营业执照。

部分商家会在详情页面发布服务价格和购买服务券的通道。下单前，最好先点击页面中的“电话”图标，致电咨询。

在地图软件首页搜索“裁缝”“修鞋”等关键词，能看到附近的便民服务点

下单支付后，可打开高德地图 App，进入“我的”页面，在“我的订单”中查看券码，待商家完成上门开锁或换锁服务后进行核销。

需要注意的是，正规开锁公司需在公安机关登记备案后才能从业。开锁师傅上门时，先检查其开锁证件，以及是否佩戴公安备案信息卡。

生活中还会遇到许多需要上门维修的服务，比如电动自行车抛锚，可通过地图软件搜索“电动车维修”，找到维修店电话。电视机、空调等不容易拆卸、搬运的家电出现故障，又过了保质期，该如何找专业人员来维修？可在地图上搜索“家电维修”，对搜索到的维修公司进行货比三家后预约上门维修。

四、在地图上添加店铺

这里分两种情况，一种是“小修小补”店主如何让自己的店铺在便民地图上显示？

具体操作步骤是：进入“小修小补便民地图”后，点击“添加店铺”按钮，进入“商家入驻地图”页面，自主填写店铺信息、完成资质认证。信息通过审核后，即可在地图上“点亮”自己的店铺，获得更多的地图曝光。

另一种情况是，市民发现一些藏在街头巷尾的“小修小补”摊位没有被数字地图记录，该如何来助力？

具体操作步骤是：在“小修小补便民地图”页面点击“添加店铺”按钮，进入“送小店上地图”页面，填写新增小店信息，通过审核后，小店即可在地图上显示。

在“小修小补”便民地图上，点击“添加店铺”按钮，可进行“商家入驻地图”和“送小店上地图”操作

不少“小修小补”店铺的经营者本身就属于老年群体，他们不会熟练运用手机、互联网平台，很难将自己宣传出去。另外，大中型城市外来人口众多，以往为“熟人社会”构成的老旧社区，也逐渐由外来的年轻房客构成。年轻一代习惯用互联网平台进行搜索，遇到修补需求时，无论在线上还是线下，都很难找到附近的维修点，他们也未必留意到隔壁巷子有一家经营多年的修理铺。

为此，我们呼吁更多市民成为“小修小补引路官”，推荐附近的修补摊上地图，大家一起行动起来，让街头的“烟火气”更加浓郁。

第七节 为居家生活注入新活力

当前，人工智能加速发展，依托大数据、云计算、人脸识别等技术，各类智能适老化产品纷纷涌现，助力老年人享受更高品质生活。在 AI 技术助力下，“智慧养老”领域新产品不断上架。

扫码看教学视频

对不少老年人来说，AI 养老不仅让操作更简单、生活更便捷，还提供了情感上的交流陪护功能，“养老科技”给银发族带来了新体验、新想象、新空间。

一些采用智能技术的手机 App 就能让老年朋友看病更方便、居家更舒适、休闲娱乐更多彩。今天我们来学习使用几款手机软件，帮助我们更好地管理生活，提高生活质量。

一、智能健康管理

这类 App，比如“医疗 e 站”“健康 160”等，都提供健康监测服务，可以记录老年人的健康数据，并提供健康咨询。“养生堂”“和睦家康复”等也是非常受老年人欢迎的 App，可以为老年人提供康复服务。

以“健康 160”为例，该 App 连接医院、医生和患者，围绕诊前、诊中、诊后全流程健康场景，提供从体检、挂号、问诊到健康商城、健康管理等一站式医疗大健康服务，打造“以用户为中心”全生命周期的医疗健康服务平台。

打开这款 App，我们可以在首页第一排看到“体检”“挂号”“找名医”“买药”等功能，若有相关需要，点击相应文字即可选择就近服务。中间一行是皮肤科、妇科、口腔、眼科等专科入口。例如眼睛有白内障，可以点击“眼科”，在页面上的“常见疾病”选择“白内障”，下方会自动跳转出治疗此病的医生，点击相应的医生即可进行挂号；也可点击页面上的“科室”“机构”“套餐”自行选择挂号，点击“点评”还能查看患者的就医感受。此外，页面下方还有“名医”“科普”“营养饮食”“中医养生”等各类资讯，点击即可阅读相关科普知识。

若需要在线问诊，点击首页下方“问医生”，即可选择进行图文咨询、私人医生或免费咨询，还可以选择电话咨询、视频问诊等方式远程看病。

二、学习娱乐

这类 App 提供聊天机器人、写作助手以及学习助手等功能，它可以回答各种问题并进行对话，帮助人们获取信息。也可以 AI 生成图片、漫画，根据指令进行创作，让我们在休闲之余还能学到更多知识。

以 App“豆包”为例，它可以语音回答各种问题，给我们的学习、生活

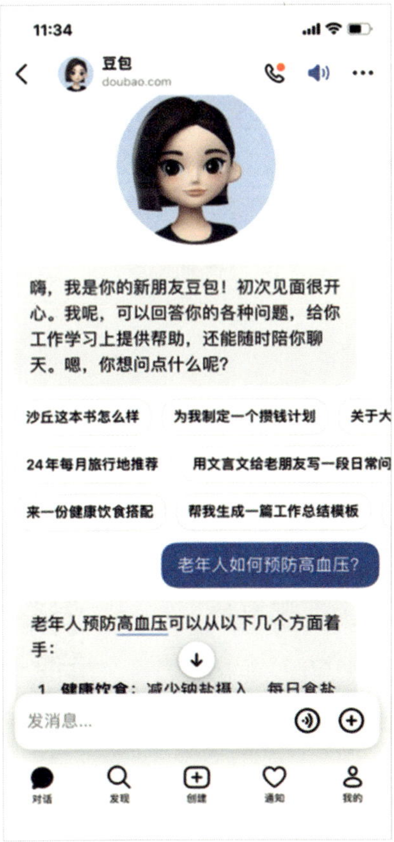

点进对话框可以与 AI 小助手对话

App 内有多种 AI 功能供我们学习

提供各种帮助，还能随时陪我们聊天。点击进入 App 即打开与 AI 小助手“豆包”的对话框，我们可以直接向它提问。例如，我们想知道老年人怎样预防高血压，即可语音输入问题，对方便会快速给出“健康饮食”“控制体重”“适度运动”“戒烟限酒”“规律作息”“减轻精神压力等”等各方面的细致回答，还会根据问题提出进一步的预设“如果老年人已经患有高血压，应该采取哪些措施？”“有哪些食物可以帮助预防高血压？”等，我们可以根据需要继续选择想要了解的问题。

AI 图片生成功能则可以帮助我们生成各种需要的图片，点进对话框，描述我们想要的图片，例如“夕阳下的西湖”，对方便会生成多张美丽的西湖图片供我们选择。

学习小帮手功能能够让老年朋友在带孙辈做作业的时候更加得心应手。点击进入学习小帮手对话框，我们可以向它提出数学、语文、英语、科学、历史等各学科问题。例如，我们语音输入“植物如何进行光合作用”，小助手即可给出详细解答。

此外，点击下方“发现”按键，我们可以看到“测名字”“姓名生成诗”“朋友圈文案”等各种各样好玩的 AI 功能。

第八节 如何用手机在线以旧换新

扫码看教学视频

以旧换新可以帮我们处理掉闲置旧物件，更新升级新物品，从而提高生活质量。但实际生活中，去哪里换、怎么换等问题困扰着不少市民。尤其对年纪大的人来说，大个头的旧家具和家电想搬下楼都困难，更别说到商场以旧换新了。

为让以旧换新活动更快捷、更有效地触达更多消费者，提升消费者的服务体验，一些平台开辟了“一站式换新”线上平台，只需在手机上操作即可完成估价、上门回收、换新等一系列步骤，让“去旧”更容易，“换新”更愿意。

今天我们就来了解几个以旧换新平台。

一、微信小程序“波普清道夫”

这是一款全品类物品线上回收小程序，以数字化平台结合线下四级收运体系的方式，助力“以旧换新”提速。

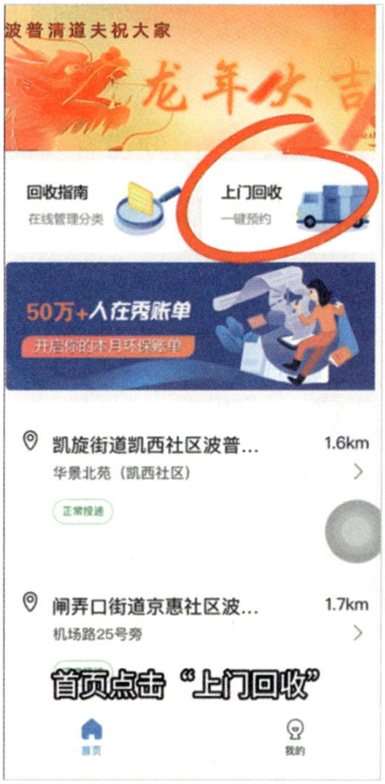

点击小程序“波普清道夫”页面的“上门回收”

具体的操作步骤是：（1）打开微信，搜索“波普清道夫”，选择跳转出来的“波普清道夫”小程序；（2）进入小程序后，点击页面上的“回收指南”，查看可回收物的分类，可以确定自己家里的闲置物是否能够在此进行回收；（3）确定好后，返回首页，点击页面上方的“上门回收”，依次添加上门地址、联系人、手机号等信息，并选择预约时间段；（4）最后点击“马上预约”按钮，即可等待工作人员上门回收，同时收取相应金额；（5）也可以在首页上查看附近的投递点位，若距离较近且回收物品较轻，也可以去相应点位自行投递。

二、闲置交易平台“闲鱼”

闲鱼是一个二手交易平台，但也有极速回收、高价帮卖、旧物换礼等功能，只需使用淘宝或支付宝账户登录即可使用。

具体的操作步骤：（1）打开闲鱼 App，在页面上方选择“全部”，进入页面后点击“高价回收”；（2）点击“极速回收”，根据闲置物品的类型、型号等一一选择。如回收苹果 12 手机，依次点击“卖手机”、苹果、iPhone12，选择对应的颜色和机身内存、版本类型、网络制式、保修、运行情况、账号、机身成色、屏幕成色等估价信息，最后点击“立即估价”，填写预约上门时间和联系人、地址等信息；（3）最后勾选同意用户须知，确认提交即可等待上门回收。

若有闲置旧衣服无法处理，也可以用来换小礼品。（1）在页面中点击“旧衣回收”，点击“预约回收得积分”；（2）填写预估回收重量，选择预约上门时间，填写取件地址及联系人等信息；（3）勾选同意用户须知，点击“立即预约”即可；（4）等待快递员上门免费取件。操作完成后即可获得对应的积分，这些积分可在页面内兑换自己心仪的商品。

三、电商平台京东

线上购物的京东平台也有“爱回收”频道，能帮我们以旧换新。

具体的操作步骤：（1）打开京东，点击上方“更多频道”，下滑页面，选择“爱回收”；（2）进入“爱回收”，点击下方“以旧换新”，选择需要换新的品类；（3）以手机为例，我们点击“手机换新”，找到想要的手机颜色

选择闲鱼页面上的“极速回收”

在京东“爱回收”页面点击“以旧换新”

及型号，点击确定，点击换新估价；（4）在弹出的“旧机估价”页面，填写旧手机的型号等信息，点击查看报价；（5）页面出现新品价—优惠补贴—旧机金额，选择“送新品，同时收旧品”，勾选同意协议，点击“立即换新”；（6）在付款页面点击“提交订单”，支付减免后的金额即可。

第九节 适老版 App 和网站长啥样

70 多岁的李阿姨平日里喜欢在家摆弄花草，不过常常因为到公园、郊外赏花时叫不出花名而苦恼。最近，朋友向她推荐了一款能识别植物的“神器”，让她成了朋友圈的“花草达人”。

扫码看教学视频

我们以几个常用 App 和网站为例，介绍在操作上做减法、在服务上做加法的适老版 App 和网站。

一、百度关怀版 App

现在，大家都会在手机上看新闻、跟热点，享受互联网带来的便捷生活。但老年人，因为视力模糊、不会打字等问题，往往存在“阅读”困难。用听来解决看的问题，正是百度关怀版 App 的一个显著特点。它围绕老年人的看、听、用三大场景，在资讯展现方面更多地采用短视频形式，并且实现了语音搜索、图片搜索等功能。

当我们要搜索某个新闻热点时，只需打开百度关怀版 App，点击底部工具栏的“语音搜索”图标，说出要搜索的内容，百度便会自动语音播放搜索结果，省去了打字或手写输入的烦琐。

在搜索结果页面，点击语音播报的小喇叭按钮，屏幕左下方会出现蓝色小圆圈，圆圈可显示新闻播报的剩余时长。点一下小圆圈，就会出现播报控制台，可暂停播报、切换到下一条或关闭新闻播报。切换使用其他软件或关掉显示屏幕，都不会影响语音播报。

如果是手动点开某篇文章，点击上方的“播放”按键，也能听到朗读声。

结合老年人的“角色”变化和生活习惯，百度关怀版 App 开设了“百宝箱”专区，提供“休闲娱乐”“带孩子”“生活便利”等多种实用服务。李阿姨新掌握的用手机识别植物的技能，就藏在“百宝箱”的“识万物”里。只需对着花草树木拍照，系统就能自动识别出品种来。

对于要辅导孩子学习的老年人来说，“百宝箱”里的“带孩子”功能也比较实用，比如听儿歌、口算批改、识生字等，都是妥妥的带娃“神器”。

生活中，很多老年人喜欢边散步边听广播。百度关怀版 App 提供了“听电台”入口，可以选择收听全国各地广播，以及各类经典的评书、相声、戏曲名段等，成为“行走的收音机”。

值得一提的是，该 App 在关注老年人的情感以及心理需求方面，开发了“伴电台”功能，子女录制 20 句话，就可以生成相应的语音包，老年人可以直接选择子女声音的语音包播报资讯，这对老年人来说是一种很好的“陪伴”方式。

二、省政府门户网站

2022 年 1 月，工业和信息化部公布了首批通过适老化及无障碍水平评测的 217 家网站和 App，其中包括浙江省人民政府门户网站。打开电脑浏览器，输入网址 www.zj.gov.cn，点击回车键后打开网站，点击右上角的“长辈版”图标即可切换成“老年模式”，整体上具有扁平化布局、高对比背景、大字体等特点，帮助广大老年人更便捷获知国家政策，了解时政动态。

在浙江省人民政府门户网站可打开无障碍阅读功能条

政务服务平台——浙江政务服务网还设立了“长辈关怀”专区，推荐老年人高频办理事项，满足老年人线上办理政务事项的需求。

点击浙江省政府门户网站或者浙江政务服务网右上方的“无障碍”按键，弹出功能条，点击“声音开关”，鼠标点击到哪儿，语音就能播放到哪儿。无障碍功能条主要包含视觉辅助和语音辅助，提供字号放大、全程键盘和人机语音互动等操作方式，实现文本信息语音识读、语速调节、网页配色调整、特大文字推送等功能。

三、浙里办 App

老年人使用手机最大的痛点就是字体显示过小，过去他们往往通过手机系统设置将字体放大，但会产生与 App 不匹配的情况，影响使用体验。为了让老年人看得清、看得懂，“浙里办” App 推出了长辈版。

打开“浙里办”App 后，点击右上角“长辈版”图标，即可切换到大字模式。

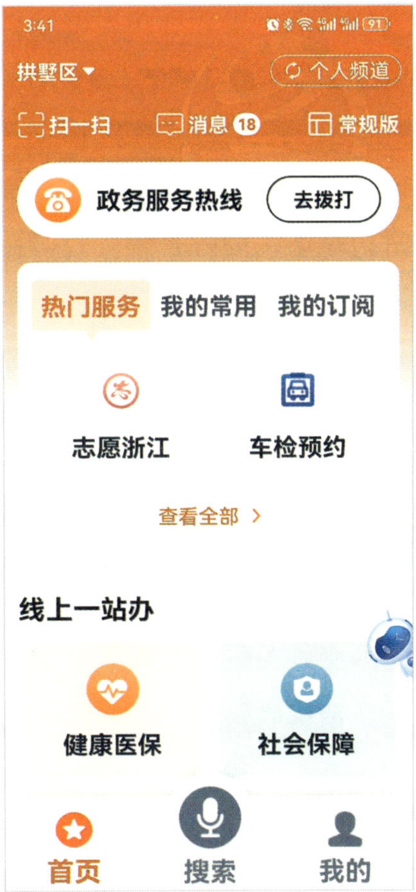

“浙里办” App “长辈版”界面

值得注意的是，长辈版不只加大字体、增宽行间距，还对整个界面进行了模块精简和优化设计。为了更好地解决老年群体日常办事需求，长辈版在最显著位置重点推荐高频服务，包括“社会保障”“健康医保”“身份户籍”“行驶驾驶”等主题栏目，老年人可按办事需求，自助在线办理。目前，已有 1000 余项便民服务实现大字版。

长辈版还新增了“代办联系人管理”功能。也就是说，如果你要让子女代为办理老年人优待证，可以让他们用自己的手机登录“浙里办”，进入“代办联系人管理”，添加老人信息，即可完成所有操作。目前，老年人优待证实现全程网办、授权代办、快递到家一条龙服务，范围覆盖全浙江。

目前，能通过“浙里办”为父母、子女、其他亲属、非亲属人员代办老年人优待证、城乡居民参保登记、转移接续手续等近200项业务。

第十节 如何防范电信诈骗

扫码看教学视频

最近，家住杭州市滨江区的李大妈频频接到境外来电，号码都是以“00”或“+”开头的一串奇怪的数字。5月21日，李大妈接到一个0042开头的电话，对方使用人工智能语音，称李大妈的抖音账号最近比较活跃，可以接单为网红点赞，只需添加公司微信，就能领取任务、兼职赚钱。

“貌似有利可图，其中定有蹊跷。”李大妈警惕性很高。她回忆说，有一次接到一个香港电话，对方诈骗伎俩高超，她差一点就信了。好在挂断电话后没几分钟，她就接到96110预警劝阻专线来电，提醒她以后接到类似电话，切勿向对方提供身份、银行卡等信息。

在这里，我们提醒老年朋友，电信诈骗话术多、进化快，如果你没有固定的海外关系，且频繁收到境外来电，那么这些来电几乎可以断定为诈骗电话，请提高警惕，谨慎接听或拒接境外来电。

今天，我们来介绍几种防范电信诈骗的方法。

一、使用国家反诈中心 App 防诈骗

国家反诈中心 App 是由公安部推出的一款手机防骗保护软件，其中最重要的一个功能就是来电预警。当你收到涉嫌诈骗的电话、短信，或手机下载安装涉诈 App 时，它会尽可能地智能识别，并及时预警提示。

从手机应用商店搜索并下载、安装国家反诈中心 App 后，选择自己所

在地区进行注册并完成身份验证。随后，需要手动开启“来电预警”功能，才能智能识别诈骗电话和短信。安卓系统的开启方法是，打开软件首页，点击“来电预警”图标后，点击“立即开启”，按提示开启悬浮窗、联系人、通话记录、短信等权限，即可启动来电预警守护。

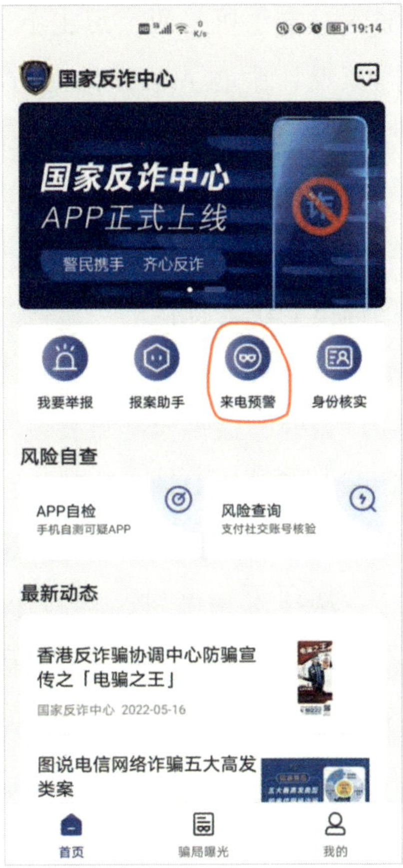

国家反诈中心 App 可开启“来电预警”功能

在开启“来电预警”后，请勾选“Wi-Fi 下预警号码库自动更新”。此时，App 会下载一份诈骗电话预警列表到你的手机中。当有新来电时，手机会将来电号码与 App 提供的号码进行匹配，从而识别来电是不是诈骗电话。预警号码库也会不断更新，从而完善防护功能。

国家反诈中心 App 还有一个 App 自检功能。以安卓系统为例，点击软件首页的“App 自检”，开启“App 预警”等待检测结果即可。如果检出恶意软件和安装包，可进行“一键清除”及“错误上报”。

当你在生活中发现诈骗线索，可以通过它向公安机关举报。方法是：打开软件首页，点击“我要举报”，填写相关信息（举报内容包括电话、短信、App、图片、诈骗网址、社交账号以及诈骗交易账户），点击“提交举报”即可完成举报。此外，也可以通过 96110 反诈专用号码进行举报或咨询。

当你对对方的支付账户或者身份存疑，可以通过它进行身份查询和身份核实。方法是：打开软件首页，点击“风险查询”，输入对方涉诈信息（银行卡号、支付账户、IP 地址、网址、QQ 号码、微信号、二维码），点击“立即查询”，即可获得“风险提示”。此外，还可以点击首页的“身份核实”，输入对方手机号码，点击下方“发送核实请求”，此时对方手机会收到一条国家反诈中心 App 发给对方的验证短信，要求对方登录国家反诈中心 App 核实身份，如果对方不愿进行身份核验，请提高警惕。

一旦你遭遇电信网络诈骗，可以通过国家反诈中心 App 的“报案助手”功能，向警方提供证据。点击软件首页的“报案助手”，点击“扫码报案”，扫描接警民警提供的二维码，即可向警方提供证据。报案成功后，可在“我的”中查看“报案记录”。

另外，该平台会每日发布不法分子的最新诈骗手法，剖析典型案例，老年朋友可以从中学习防骗知识、了解诈骗套路，提升识骗能力。

二、使用运营商拦截设置防诈骗

从技术角度讲，实施诈骗的境外电话都是虚拟号码，而且会不断变号，往往一个国际号码只呼叫一次，单个号码的骚扰特征并不明显，很难通过逐一标记号码或者黑名单等传统方式进行屏蔽。

目前，手机用户可以关注相应运营商的微信公众号，来进行骚扰电话或国际电话的拦截设置，或拨打运营商的服务电话进行咨询。

可以关注相应运营商的微信公众号，设置骚扰电话或国际电话的拦截

中国移动用户的设置方法是，先关注微信公众号“中国移动高频骚扰电话防护”，然后点击“业务设置”，选择“骚扰拦截”设置，即可开启国际号段拦截功能。如你还想拦截别的类型的骚扰电话，可开启对应号段的拦截功能。

中国电信用户的设置方法是，先关注微信公众号“天翼防骚扰”，点击“业务设置”，选择“智能拦截”设置，开启国际长途电话、诈骗电话拦截功能。

中国联通用户的设置方法是，先关注微信公众号“中国联通微厅”，点击“办理”，选择“智慧沃服务”，找到页面内的“防骚扰拦截”，点击“免费订购”。

订购完成后，关注微信公众号“智慧沃服务”，号段拦截功能内开启国际电话的拦截功能。如你还想拦截其他类型的骚扰电话，可开启对应号段的拦截功能。另外，骚扰类型设置功能还可拦截 9 种类型的骚扰电话。

三、预防养老诈骗锦囊

1. 不轻易相信

遇到能够说出自己姓名、身份证号码、家庭住址等个人信息的电话、短信，要提高警惕，保持谨慎，遇到问题多和子女沟通，如有疑问及时联系公安机关核实。

2. 不轻易泄露个人信息

不在陌生、不正规机构、网站填写资料，妥善保护好银行卡密码、身份证号码等关键信息。

3. 不贪图便宜

不贪图小利，不轻信他人，牢记“世上没有免费的午餐”。打消“用小钱赚大钱”“吃小亏赚大便宜”“不劳而获”的念头。

4. 不要轻易动钱

凡是要动钱的时候，一定找老伴、孩子或自己信得过的邻居和朋友，向他们征求意见，商量对策，必要时应及时报警。

5. 警惕“各种讲座”

不要参加所谓公司提供的讲座、免费旅游、免费茶话会、免费参观等活动，不要盲目相信高额回报的宣传和所谓的公司实力，防止陷入骗子的套路。

6. 端正保健理念

要从正规渠道获取科学保健常识，到正规医疗机构就医，不轻信所谓的特效药、神药、进口药，以防陷入药托骗局。

图书在版编目（CIP）数据

跨跨越数字鸿沟：智能手机操作实用指南 / 浙江老年报社，浙江老年大学编. -- 北京：红旗出版社，2024. 9. -- ISBN 978-7-5051-5430-8

Ⅰ. TN929.53-49

中国国家版本馆 CIP 数据核字第 202448TK18 号

书　名　跨越数字鸿沟——智能手机操作实用指南
KUAYUE SHUZI HONGGOU——ZHINENG SHOUJI CAOZUO SHIYONG ZHINAN

编　者　浙江老年报社　浙江老年大学

出版人	蔡李章	策　划	王晓宇
责任编辑	吴琴峰　徐娅敏	责任印务	金　硕
责任校对	吕丹妮	封面设计	高　明
视频制作	王　兴		
出版发行	红旗出版社		
地　址	北京市沙滩北街2号	邮政编码	100727
	杭州市体育场路178号	邮政编码	310039
编辑部	0571-85310467	发行部	0571-85311330
E - mail	hqcbs@8531.cn		
法律顾问	北京盈科（杭州）律师事务所　钱　航　董　晓		
图文排版	浙江新华图文制作有限公司		
印　刷	浙江全能工艺美术印刷有限公司		
开　本	787 毫米 ×1092 毫米　1/16		
字　数	235 千字	印　张	15.25
版　次	2024 年 9 月第 1 版	印　次	2024 年 9 月第 1 次印刷
ISBN 978-7-5051-5430-8		定　价	80.00 元